新型职业农民培育系列教材

# 测土配方施肥实用技术

◎秦关召　袁建江　李北京　主编

中国农业科学技术出版社

## 图书在版编目（CIP）数据

测土配方施肥实用技术／秦关召，袁建江，李北京主编．—北京：中国农业科学技术出版社，2017.2

ISBN 978 - 7 - 5116 - 2976 - 0

Ⅰ.①测…　Ⅱ.①秦…②袁…③李…　Ⅲ.①土壤肥力 - 测定②施肥 - 配方　Ⅳ.①S158.2②S147.2

中国版本图书馆 CIP 数据核字（2017）第 025398 号

| | | |
|---|---|---|
| **责任编辑** | 白姗姗 | |
| **责任校对** | 李向荣 | |
| | | |
| **出 版 者** | 中国农业科学技术出版社 | |
| | 北京市中关村南大街 12 号　邮编：100081 | |
| **电　　话** | (010)82106638(编辑室)　(010)82109702(发行部) | |
| | (010)82109709(读者服务部) | |
| **传　　真** | (010)82106650 | |
| **网　　址** | http://www.castp.cn | |
| **经 销 者** | 各地新华书店 | |
| **印 刷 者** | 北京富泰印刷有限责任公司 | |
| **开　　本** | 850mm ×1 168mm　1/32 | |
| **印　　张** | 6.25 | |
| **字　　数** | 162 千字 | |
| **版　　次** | 2017 年 2 月第 1 版　2017 年 2 月第 1 次印刷 | |
| **定　　价** | 28.90 元 | |

━━━◆◆◆ 版权所有·翻印必究 ◆◆◆━━━

# 《测土配方施肥实用技术》
## 编 委 会

主 编：秦关召　　袁建江　　李北京

副主编：刘西尧　　李振红　　胡海建　　谢振良

　　　　范回桥　　徐勋元　　杨　愉　　李艳丽

　　　　张宪成　　王永芳　　刘淑娟　　闫志芳

　　　　宋会萍

编 委：栾丽培　　王　娇　　郑文艳

# 前　言

　　测土配方施肥技术是为了达到平衡施肥的目的而开展的土壤测试、肥料试验、专用肥料配制、施肥技术指导等一整套综合性的科学施肥技术，是目前世界上广泛使用的比较先进适用的科学施肥技术。

　　本书全面、系统地介绍了测土配方施肥的相关知识，包括测土配方施肥技术基础、肥料基础知识、主要粮食作物测土配方施肥实用技术、主要经济作物测土配方施肥实用技术、主要蔬菜测土配方施肥实用技术、主要果树测土配方施肥实用技术等内容。

　　本书围绕大力培育新型职业农民，以满足职业农民朋友生产中的需求。重点介绍了测土配方的成熟技术以及新型职业农民必备的基础知识。书中语言通俗易懂，技术深入浅出，实用性强，适合广大新型职业农民、基层农技人员学习参考。

编　者
2017 年 1 月

# 目　　录

# 第一章　测土配方施肥技术基础

测土配方施肥是以肥料田间试验、土壤测试为基础，根据作物需肥规律、土壤供肥性能和肥料效应，在合理施用有机肥料的基础上，提出氮、磷、钾及中、微量元素等肥料的施用品种、数量，以及施肥时期和施用方法。

肥料效应是肥料对作物产量和品质的作用效果，通常以肥料单位养分的施用量所能获得的作物增产量和效益表示。肥料效应田间试验是获得各种作物最佳施肥品种、施肥比例、施肥数量、施肥时期、施肥方法的根本途径，也是筛选、验证土壤养分测试方法，建立施肥指标体系的基本环节。通过田间试验，掌握各个施肥单元不同作物的优化施肥数量，基、追肥分配比例，施肥时期和施肥方法；摸清土壤养分校正系数、土壤供肥能力、不同作物养分吸收量和肥料利用率等基本参数；构建作物施肥模型，为施肥分区和肥料配方设计提供依据。

测土配方施肥技术是施肥技术上的一项重大革新，是农业发展的必然产物，受到广大种植业者的欢迎和支持，解决了他们在农业生产中的难题。随着现代农业科技成果的不断应用，我们已经走出了靠经验施肥的老路，有了先进的化验分析仪器和测试手段，摆脱了对单一肥料的依赖，追求各种营养元素的配合施用。事实证明，测土配方施肥技术自推广以来，取得了巨大的经济效益、社会效益和环境效益。

## 第一节　测土配方施肥技术概述

### 一、测土配方施肥概念

测土配方施肥国际上通称为平衡施肥技术，就是以肥料田间试验和土壤测试为基础，根据作物需肥规律、土壤供肥性能和肥料效应，在合理施用有机肥的基础上，提出氮、磷、钾及中、微量元素等肥料的施用品种、数量，施肥时期和施用方法。

从以上描述中不难看出，测土配方施肥的特征就是"产前定肥"。即生产者在种植前就已经知道，应向土壤施用什么肥料，用量是多少以及如何施用等问题。如果等到作物收获的时候生产者才了解什么肥料多了、什么肥料少了或哪些用法不当，是没有意义的。

测土配方施肥是一个完整的技术体系，全面考虑了"作物需肥规律""土壤供肥性能"和"肥料效应"3个方面的条件，从图1-1可以看出，作物所需要的养分，来自土壤和施肥两个途径。作物需要，一般来讲都是相对的，关键在于土壤的供肥能力，肥料在此起的是调剂作用，这种调剂的程度，决定肥料的用量。

图1-1  作物、土壤、肥料关系示意图

## 二、测土配方施肥的内容

测土配方施肥的具体内容，包含"测土""配方"和"施肥"3个程序（图1-2）。就像医生看病一样，先给病人诊断病情，然后开一张处方，病人买药后，按照医嘱服用。

图1-2  测土配方施肥工作流程

（1）搞好土壤测试的基础工作  充分利用测试设备和技术，快速、准确地测定土壤养分含量，掌握土壤肥力状况。

（2）进行肥料的配方，即施肥推荐和肥料配置  根据土壤测试结果和田间试验数据，参照已有的施肥经验，合理确定养分配方；根据农业生产需要和土壤、作物的实际情况，选择优质、高效的作物专用肥或各种单一肥料。

（3）田间施肥工作  确定最恰当的肥料用量及施肥时期和施用方法，通过技术培训、示范和咨询，科学合理地施用肥料。

测土配方施肥并不是只讲化肥的配合施用就可以了，还必须注意一个原则，即"有机肥为基础"。化肥只能提高土壤养分浓度而对维持和提高土壤肥力的作用较小，因此，要坚持"用地养地相结合，有机无机相结合"的肥料工作方针，做到用、养兼顾，保证土壤越种越肥，以利于农业生产的可持续发展。

## 第二节  测土配方施肥的理论依据及现状

### 一、测土配方施肥的理论依据

测土配方施肥技术是一项较为复杂但科学性很强的综合性施肥技术，综合应用了科学研究的成果，汲取了种植业者在生产中的成功经验，它的应用标志着我国施肥技术水平发展到了一个新的阶段。中国农业未来增产技术的潜力评估研究也表明，测土配方施肥技术应列在第一位。测土配方施肥考虑了土壤、肥料、作物的相互联系，同时还注重生态环境和农业的可持续发展问题。因此，它在继承一般施肥理论的同时，又有了新的进展。其主要的理论依据有：植物的矿质营养学说、养分归还学说、最小养分律、报酬递减律、必需营养元素同等重要和不可代替律、因子综合作用律、作物营养临界期和最大效率期以及有机肥料和化学肥料配合施用原则等。

### 二、测土配方施肥的进展

土壤养分的化验分析是测土配方施肥的基础和前提，在20

世纪 20 年代后期与 30 年代初期，土壤测试方法有了较快发展，Bray、Morgan、Heste 等科学家的研究工作为土壤有效养分浸提方法和测定方法的建立奠定了基础，这一时期也是土壤化学发展的快速期。到 20 世纪 40 年代，土壤测试作为确定施肥的依据已经为欧美国家普遍接受。美国在 20 世纪 60 年代就建立了较为完善的测土施肥体系。现在，美国配方施肥技术覆盖耕地面积达到 80%以上，近 40%的玉米作物利用土壤或植株测试推荐施肥技术，大部分州制定了测试技术规范。精准施肥在美国早已从实验研究走向了普及应用，23%的农场采用了精准施肥技术。日本、德国、英国等发达国家也重视测土施肥，建立了国家级土壤测试实验室和区域的实验室为测土施肥服务。英国出版了《推荐施肥技术手册》进行分区和分类指导，并经常组织专家进行更新。

智能化和信息化是欧美现代施肥推荐的发展趋势，氮肥推荐越来越偏重于根据作物生长状况的植株营养诊断结果来进行。除了常用的植株硝酸盐诊断、全氮分析、叶绿素仪等分析手段外，光学和遥感技术也被应用到植株营养诊断中来。例如，据 Sripada 等研究，在玉米上利用遥感数据进行氮肥用量推荐可比常规施肥减少 35%，而肥料利用率可以提高 50%。覆盖面积更大的卫星遥感技术、成像光谱技术、原位土壤养分分析技术、非破坏性的植物营养状况监测技术发展也很迅速。这些新技术的发展和应用将会代替传统的测土配方施肥技术，但必须与测土配方施肥技术相衔接，必须是对已有的测试指标和推荐施肥体系的完善和发展。

当前，人们已深刻地认识到这样一个事实：肥料是作物高产优质的物质基础，同时又是潜在的环境污染因子，不合理施肥就会造成环境污染。换言之，测土配方施肥已经进入了以产量、品质和生态环境为综合目标的科学施肥时期。以前单纯以提高产量为单一目标的测土施肥的观念也正被广大种植业者所抛弃。施肥既要考虑各种养分的资源特征，又要考虑多种养分资源的综合管理、养分供应和需求的时空一致性，以及施肥与其他技术的结合。

# 第三节　测土配方施肥的基本内容

## 一、土壤样品的采集

### （一）目的意义

土壤样品的采集是土壤分析工作的一个重要环节，要求采集有代表性的土壤。为了解土壤肥力状况，为制订配方施肥方案提供土壤养分数据，一般采集耕层土壤的混合样品。土壤是一个不均一体，影响不均一的因素很多，如地形、耕作、施肥等，特别是耕作施肥导致土壤养分分布不均匀，例如条施、穴施、起垄种植、深耕等措施，均能造成局部养分的差异，给土壤样品采集带来很大的困难。因此，必须按照一定的要求和方法步骤采集土壤样品。

### （二）仪器用具

小铁铲、取土钻、布袋或塑料袋、标签、铅笔、钢卷尺。

### （三）方法步骤

1. 采样时间

大田作物和蔬菜一般在收获后或整地施基肥前采集土壤样品，果园一般在果实采摘后第一次施肥前采集土壤样品。

2. 选点与布点

（1）选点　采样点要避免在路边、沟边、田边、肥料堆底和特殊地形部位选点，以减少土壤差异，提高样品的代表性。

（2）布点　耕层混合土壤样品的采集必须按照一定的采集样品的路线和随机、多点、均匀的原则进行。布点形式以"S"形（图1-3）较好。只有在地块面积小、地形平坦、肥力比较均匀的情况下，才用对角线采样或棋盘式采样。

采样点的数量根据采样地块的大小和土壤肥力差异情况而

定，一般为 10 ~ 20 个点。

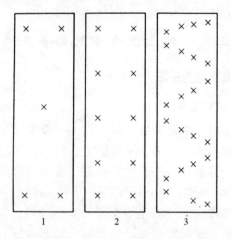

1、2. 不正确的采样方式　3. 正确的采样方式

**图 1 – 3　土壤采样的方式**

3. 采土

（1）采样工具　普通土钻，管形土钻，小土铲（图 1 – 4）。

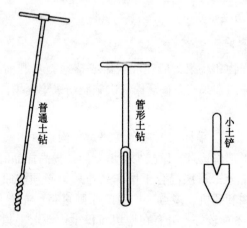

**图 1 – 4　取土工具**

（2）采样深度　采样深度根据不同作物的根系深度来确定，一般为0～20厘米，特殊情况下可采集0～30厘米。

（3）采样方法　在确定的采样点上，首先应除去地面落叶杂物，并将表土2～3毫米刮去。

铁铲采样：挖20～30厘米深的坑，沿着切断面均匀地铲出一薄层土（图1－5）。

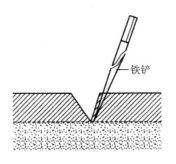

**图1－5　铁铲采样**

土钻采样：打土钻时要垂直插入土内然后将采集的各点样品集中起来，混合均匀。每一点采取的土壤，深度要一致，上下土体要一致。

（4）样品的数量　每个混合样品的重量，一般1千克左右即可。土样过多时，可将全部土样放在盘子或塑料布上，用手捏碎混匀后，再用四分法（图1－6）将多余的土弃去，直至达到所需数量为止。

4．装袋与写标签

采好的土样可装入布袋或塑料袋中。土样装袋后，应立即用铅笔书写标签一式两份，一份放在口袋内，一份系在口袋外。标签的内容：农户姓名、采样地点、作物种类、采样时间等。

**（四）果园土壤的采样**

果园土壤采样一般在秋季采收后、土壤封冻前或开春的3月

第一步 第二步 第三步

图1-6 分法分样

初进行。原则是随机、多点覆盖整个果园，每个果园不少于10个点，以每棵树为一个点，"S"形布点。由于果树根系在土壤中分布的不均匀性对土壤采样提出更高的要求。

果树滴水线（树冠投影线）周围30~40厘米是根系密集分布区域，因此土壤采样需要在此区域进行。在所选的每棵树的周围，在其滴水线内外30~40厘米圆周范围，分4个方向采集8个点，深度为0~30厘米，将全园80个点的土样混合为1个，四分法分样后装袋，1千克左右。果树土壤采样位置俯视图见图1-7。

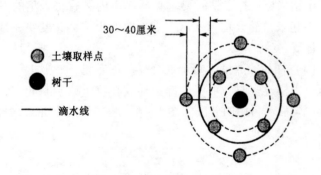

30~40厘米

● 土壤取样点

● 树干

—— 滴水线

图1-7 果树土壤采样位置俯视图

## 二、配方设计及配方肥的加工

### （一）基于田块的肥料配方设计

基于田块的肥料配方设计首先确定氮、磷、钾养分的用量，然后确定相应的肥料组合，通过提供配方肥料或发放配肥通知单，指导农民使用。肥料用量的确定方法主要包括土壤与植物测试推荐施肥方法、肥料效应函数法、土壤养分丰缺指标法和养分平衡法。

**（二）县域施肥分区与肥料配方设计**

在全球定位系统（GPS）定位土壤采样与土壤测试的基础上，综合考虑行政区划、土壤类型、土壤质地、气象资料、种植结构、作物需肥规律等因素，借助信息技术生成区域性土壤养分空间变异图和县域施肥分区图，优化设计不同分区的肥料配方。主要工作步骤如下。

1. 确定研究区域

一般以县级行政区域为施肥分区和肥料配方设计的研究单元。

2. GPS 定位指导下的土壤样品采集

土壤样品采集要求使用 GPS 定位，采样点的空间分布应相对均匀，如每 100 亩 * 采集一个土壤样品，先在土壤图上大致确定采样位置，然后在标记位置附近的一个采集地块上采集多点混合土样。

3. 土壤测试与土壤养分空间数据库的建立

将土壤测试数据和空间位置建立对应关系，形成空间数据库，以便能在地理信息系统（GIS）中进行分析。

4. 土壤养分分区图的制作

基于区域土壤养分分级指标，以 GIS 为操作平台，使用克里金（Kriging）等方法进行土壤养分空间插值，制作土壤养分分区图。

---

\* 1 亩≈667 平方米，1 公顷 = 15 亩。全书同

5. 施肥分区和肥料配方的生成

针对土壤养分的空间分布特征，结合作物养分需求规律和施肥决策系统，生成县域施肥分区图和分区肥料配方。

6. 肥料配方的校验

在肥料配方区域内针对特定作物，进行肥料配方验证。主要是进行测土配方施肥与农户习惯施肥的效果比较。验证测土配方推荐施肥的效果。对小区试验结果进行方差分析和差异显著性检验，从单个试验结果看，如测土配方施肥处理相比习惯施肥具有显著的增产效果，说明推荐的测土配方施肥方案是合理可行的；如产量之间是持平的或产量增减差异不显著，但如配方施肥处理相对习惯施肥节省肥料用量或成本，说明测土配方施肥方案也是合理可行的，否则是不合理的；如出现减产减收，则是完全不行的。示范对比田的增产率达5%以上，说明具有增产效果。从所有试验点和示范对比点结果来看，如具显著增产和稳产增收的试验点占总点数的80%，且80%的对比田具有增产效果，说明推荐的施肥方案总体是合理可行的。

田间小区肥效效果试验处理有多种设计方案，基本处理方案有5个，分别为：

处理 A  空白对照（不施任何肥）；

处理 B  习惯施用单质肥；

处理 C  习惯施用复混肥；

处理 D  测土配方施用单质肥；

处理 E  测土配方施用配方肥。

在实际工作中主要可选3种：

方案一（3处理）：包括3种：A、B和D；A、B和E；A、C和E；方案二（4处理）：A、B、C和E；方案三（5处理）：A、B、C、D和E。

具体设计试验处理时，则主要根据试验田所在区域的习惯施肥具体情况而确定。习惯施肥处理的肥料施用量和方法等，应根据有代表性 5～10 户（或田块）取样田间基本情况调查统计的平均结果和大多数采用的施肥时期与方法而确定，测土配方施肥处理应根据试验田块的测试值按相关方法推荐的肥料施用量和推荐的施肥时期与方法施用肥料。各处理应设 3 次重复，共 9～15 个小区。

**（三）测土配方施肥建议卡**

测土配方施肥建议卡是根据土壤、植株样品测试和田间试验示范得出一系列施肥指标参数后，按照区域耕地土壤特点和特定作物需肥规律制作的便于指导农民合理施肥的信息卡片或资料，因此，施肥建议卡的制定必须做好以下两项工作。

1. 测土配方施肥建议卡

测土配方施肥建议卡就是对采样测试区域农民的一个施肥意见，各地都有不同的制作方式，但测土配方施肥建议卡必须表达以下信息：一是要表明该区域土壤养分状况，说明针对特定作物研究的丰缺指标和丰缺状况评价；二是根据当地作物产量提出各养分的最佳或最高施用量，作物各个时期的推荐施肥量及施肥方法，最好采用图文并茂的方式，简便易懂，好操作，便于农民接受；三是明确推荐适合于当地的配方肥料及施肥方法。

2. 及时发放，搞好登记

一是要及时发放测土配方施肥建议卡，充分发挥各方面力量、充分应用各种农事服务活动将测土配方施肥建议卡送到农户、送到田边，核心示范区的农户要做到各季作物平均一份，并搞好登记；二是采取有效方式，及时为农民讲解测土配方施肥建议卡的使用方法；三是根据区域要求，广泛张贴测土配方施肥建议卡；四是施肥建议卡的发放可以与配方肥的产销结合起来，加强配方肥的推广应用。

## 三、配方加工

最终肥料配方形成后，肥料企业的研发人员以各种单质或复混肥料为原料，考虑各原料肥的适混适配性质，生产出合格的配方肥料。目前，有两种配方方式：一是农民根据各级农业技术推广部门推荐的配方建议卡自行购买各种肥料，配合施用和由肥料企业（或配肥企业）按照配方加工配方肥料；二是农民购买施用适合当地土壤养分特征的配方肥料。从农业技术推广部门研发的配方到农民最终购买的配方肥料以市场化运作、工厂化生产、连锁化经营，这种流通模式最具活力。多年来，吉林省四平市梨树县农业技术推广总站和四平天丰化肥厂合作，由梨树县农业技术推广总站试验研究配方，四平天丰化肥厂生产，各乡镇农业站销售，每年生产销售配方肥近万吨，深受广大农民欢迎。

# 第四节　测土配方施肥技术推广与实施

## 一、测土配方施肥技术的推广

### （一）测土配方施肥技术推广的基本要求

按照"测、配、产、供、施"一体化服务的原则，开展测土配方施肥必须达到5项基本要求：一是健全和稳定各级土肥队伍，培训各级专业技术人员；二是完善建立县级土样常规分析化验室、地市级微量元素分析化验室、省级植株诊断分析化验室和标准化样板化验室，进行分工协作，搞好全省测土配方工作中的样品测试；三是设立和完善田间地力监测和肥效试验基地，摸索各种土壤、环境，不同作物的合理施肥比例和数量；四是建立区域示范性测土配肥站，有针对性地供应配方肥料；五是搞好各作物不同生产环节的施肥指导，包括施肥方案制订，逐级技术培训宣传，举办样板，开展生产环节田间施肥技术指导。

### （二）测土配方施肥技术应用

针对测土配方施肥技术到位难的问题，从2010年开始，农业部在全国组织开展测土配方施肥普及行动，并在100个示范县探索整建制推进的有效模式和工作机制。各地在整建制推进测土配方施肥试点中，通过组织方式创新、工作机制创新和服务手段创新，吸引了一批大中型化肥企业生产供应配方肥，为技术熟化、物化提供了载体，逐步实现了企业和农民均受益的良性循环，测土配方施肥技术覆盖率、入户率和到位率明显提高，整建制推进的模式和机制初步确立。以推动农民"按方施肥"和"施用配方肥"为路径，探索了整建制推进的六大模式。

1. 政府主导合力推进模式

通过政府主导、部门主推、多方参与、分类指导、示范带动，特别是结合粮棉油糖高产创建、园艺作物标准园创建等项目实施，有效提高技术覆盖率和配方肥到位率，这是当前整建制推进的主流模式。

2. 合作社带动模式

以农民专业合作社为纽带，采取技物、技企结合方式，架起广大农民与农技部门、供肥企业的桥梁，加快测土配方施肥技术推广，这类模式随着土地流转和专业合作社发展，将呈快速发展态势。

3. 配方肥直供模式

实行"大配方、小调整"策略，通过农业部门发布配方，引导企业按方生产，建立配方肥现代物流体系，发展企业连锁配送服务，方便农户购买配方肥。这是大型企业参与测土配方施肥的主要方式。

4. 定点供销服务模式

对现有基层肥料经销网点进行筛选，提供培训指导和技术支持，并挂牌认定为测土配方施肥定点供应服务网点，帮助农民选肥、购肥，这是整建制推进的途径之一。

5. 统测统配统供模式

农业部门统一测土，统一配方，企业按方生产，在全省或全县范围内统一采购供肥，统一（或分户）施用。这是在垦区、农场、产业基地等生产组织化程度较高地区整建制推进的一种有效方式。

6. 现场混配供肥模式

以基层配肥站点为阵地，以智能配肥供肥设备为手段，为农民提供不同田块、不同作物配肥供肥服务，这是配方肥生产供应的有益补充，是满足个性化按方配肥供肥施肥的有效模式。

## 二、测土配方施肥技术的实施体系

### （一）实施目标

熟悉测土配方施肥新技术的实施步骤，掌握土壤、植株氮素养分快速测试方法。

### （二）准备工作

按5人一组分为若干组，每组准备以下材料和用具：有关测土配方施肥技术的图片或资料。

### （三）相关知识

测土配方施肥技术的实施是一个系统工程，整个实施过程需要农业教育、科研、技术推广部门与广大农户或农业合作社、农业企业等相结合，配方肥料的研制、销售、应用相结合，现代先进技术与传统实践经验相结合。从土样采集、养分分析、肥料配方制订、按配方施肥、田间试验示范监测到修订配方，形成一个完整的测土配方施肥技术体系。

测土配方施肥技术包括"测土、配方、配肥、供应、施肥指导"5个核心环节和11项重点内容（图1-8）。

1. 野外调查

资料收集整理与野外定点采样调查相结合，典型农户调查与随机抽样调查相结合，通过广泛深入的野外调查和取样地块农户调查，掌握耕地地理位置、自然环境、土壤状况、生产条件、农户施肥情况以及耕作制度等基本信息进行调查，以便有

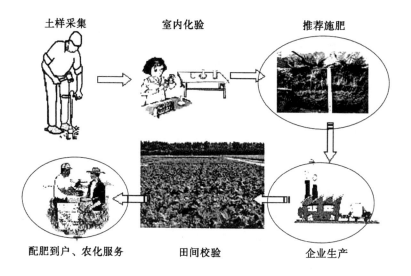

土样采集　　室内化验　　推荐施肥

配肥到户、农化服务　　田间校验　　企业生产

**图1-8　测土配方施肥技术示意图**

的放矢地开展测土配方施肥技术工作。

2. 田间试验

田间试验是获得各种作物最佳施肥量、施肥时期、施肥方法的根本途径，也是筛选、验证土壤养分测试技术、建立施肥指标体系的基本环节。通过田间试验，掌握各个施肥单元不同作物优化施肥量，基肥、追肥分配比例，施肥时期和施肥方法；摸清土壤养分校正系数、土壤供肥量、农作物需肥参数和肥料利用率等基本参数；构建作物施肥模型，为施肥分区和肥料配方依据。

3. 土壤测试

土壤测试是肥料配方的重要依据之一，随着我国种植业结构不断调整，高产作物品种不断涌现，施肥结构和数量发生了很大的变化，土壤养分库也发生了明显改变。通过开展土壤氮、磷、钾及中、微量元素养分测试，了解土壤供肥能力状况。

4. 配方设计

肥料配方设计是测土配方施肥工作的核心。通过总结田间试验、土壤养分数据等，划分不同区域施肥分区；同时，根据气候、地貌、土壤、耕作制度等相似性和差异性，结合专家经验，提出不同作物的施肥配方。

5. 校正试验

为保证肥料配方的准确性，最大限度地减少配方肥料批量生产和大面积应用的风险，在每个施肥分区单元设置配方施肥、农户习惯施肥、空白施肥 3 个处理，以当地主要作物及其主栽品种为研究对象，对比配方施肥的增产效果，校验施肥参数，验证并完善肥料施用配方，改进测土配方施肥技术参数。

6. 配方加工

配方落实到农户田间是提高和普及测土配方施肥技术的最关键环节。目前不同地区有不同的模式，其中最主要的也是最具有市场前景和运作模式就是市场化运作、工厂化加工、网络化经营。这种模式适应我国农村农民科技水平低、土地经营规模小、技物分离的现状。

7. 示范推广

为促进测土配方施肥技术能够落实到田间地点，既要解决测土配方施肥技术市场化运作的难题，又要让广大农民亲眼看到实际效果，这是限制测土配方施肥技术推广的"瓶颈"。建立测土配方施肥示范区，为农民创建窗口，树立样板，全面展示测土配方施肥技术效果。将测土配方施肥技术物化成产品，打破技术推广"最后一公里"的"坚冰"。

8. 宣传培训

测土配方施肥技术宣传培训是提高农民科学施肥意识，普及技术的重要手段。农民是测土配方施肥技术的最终使用者，迫切需要向农民传授科学施肥方法和模式；同时还要加强对各级技术人员、肥料生产企业、肥料经销商的系统培训，逐步建立技术人员和肥料经销持证上岗制度。

9. 数据库建设

运用计算机技术、地理信息系统和全球卫星定位系统，按照规范化测土配方施肥数据字典，以野外调查、农户施肥状况调查、田间试验和分析化验数据为基础，时时整理历年土壤肥料田间试验和土壤监测数据资料，建立不同层次、不同区域的测土配方施肥数据库。

10. 效果评价

农民是测土配方施肥技术的最终执行者和落实者，也是最终受益者。检验测土配方施肥的实际效果，及时获得农民的反馈信息，不断完善管理体系、技术体系和服务体系。同时，为科学地评价测土配方施肥的实际效果，必须对一定的区域进行动态调查。

11. 技术创新

技术创新是保证测土配方施肥工作长效性的科技支撑。重点开展田间试验方法、土壤养分测试技术、肥料配制方法、数据处理方法等方面的创新研究工作，不断提升测土配方施肥技术水平。

**（四）常见技术问题处理**

土壤养分及植株测试除了常规项目外，有时还用到土壤、植株氮素养分快速测试方法，其目的是为确定氮肥追施时期和用量提供科学依据。

1. 土壤硝态氮田间快速测试

在田间条件下，按照土壤样品采集规范完成混合土样的采集、土样混合、过 5 毫米筛、浸提等步骤，采用反射仪硝酸盐快速定量方法，测得土壤硝酸盐的含量。

仪器设备主要有：取土工具（土样钻）、天平（精度 0.1

克)、称量勺、称量纸、定性滤纸、胶卷盒或小烧杯、量筒、封口袋或振荡瓶、反射仪、硝酸盐试纸（0~90 毫克/升 $NO_3^-$）。

（1）土样采集　土样钻或铲子采取根层土壤，一般为 20 厘米（取样深度可根据不同作物不同生育期作物的根系主要分布的深度而定）。将采集的新鲜土壤在田间捏碎混匀过 5 毫米筛备用。

（2）浸提过滤　称取混匀好的新鲜土壤样品 200 克，放入封口带或振荡瓶中，加 200 毫升去离子水按 1:1 水土比浸提，人工上下左右晃动 5 次，每次 2 分钟，中间静置 1 分钟。定性滤纸过滤到小烧杯或胶卷盒中，留滤液备用（也可用滤纸反滤，吸取清液待测）。另称取一份混匀好的新鲜样品，测定水分含量。

（3）硝酸盐测定　用反射仪测定浸提液中的硝酸盐含量，具体步骤如下。

第一，按 ON/OFF 键，打开反射仪。

第二，打开硝酸盐试纸的包装盒，找出其中的校正条，插入校正条插口，反射仪会自动校正。

第三，按 START 键，屏幕显示 60 秒的时间。把硝酸盐试纸条下端浸入待测溶液，同时再按 START 键。试纸条充分湿润后，拿出用手不断摇动，使尽快干燥，同时屏幕上的数字不断减少。

第四，时间剩最后 5 秒时，左手把试纸条插口右边的黑色把手向右扳，右手把试纸条显色端插入试纸条插口中，放开左手，反射仪读数后记录。注意试纸条的显色端插入时朝左（操作不熟练时最好提前 10 秒插入）。

第五，反射仪的读数范围是 0~90 毫克/升，超出此范围必须把样品重新稀释后再测定，同时尽量使读数位于中间范围，过高和过低的读数误差比较大。

（4）硝态氮计算　反射仪测定值为滤液中硝酸盐的含量，必须换算成硝态氮，根据土壤水分含量和土壤容重计算土壤硝态氮的含量。

土壤硝态氮含量（千克/亩）= 测试值（$NO_3^-$）× 稀释倍数 ×（$1+w$）× 0.2259 × 0.15/［$1-w$（$H_2O$）］

式中，$w$ 为土壤水分含量，% 为鲜基；0.2259 为 $NO_3^-$ 换算为 $NO_3^- - N$ 的换算系数；0.15 为 0~20 厘米土层硝态氮含量（毫克/千克）换算为每亩千克数的换算系数。

2. 冬小麦、夏玉米植株氮营养田间诊断

冬小麦、夏玉米等作物在生长发育重要时期的氮营养状况，可通过植株的快速诊断来判断。小麦拔节期、夏玉米大喇叭口期是氮肥追施的时期。通过诊断冬小麦茎基部、夏玉米最新展开叶叶脉中部硝酸盐的浓度，并通过田间试验建立相应指标体系，可进行该作物追肥的准确调控。仪器设备主要有：反射仪 1 台、硝酸盐试纸、压汁钳 1 把、加样枪和枪头、剪刀 1 把、吸水纸若干、记录纸、干净的白纸若干、干净的胶卷盒、蒸馏水、手套。

（1）冬小麦硝酸盐的测定　第一，田间取样：取小区内长势比较均一的样品若干株（每小区至少取 3 处地方以减少田间变异），冬小麦主茎（非分蘖茎）不能少于 30 株（如果样品汁液较少，样品量相应增加）。

第二，样品的处理：将所取样品的分蘖去掉，并把主茎的下部小叶及根部去掉。完成后把所有样品的下端对齐，用剪刀把下部 1 厘米部分剪下来放在白纸上，并在白纸上记录下样品的处理号。

第三，榨汁：把剪下的 1 厘米部分小心放入压汁钳里，用力挤压，将挤出的汁液滴在胶卷盒内，如果汁液太少则需要多压几次，并将胶卷盒贴上写好处理号的标签。用过的压汁钳要及时清洗，便于下一样品的测定。

第四，稀释：用加样枪吸取 100 微升的汁液至另一个胶卷盒里，加 1 毫升蒸馏水稀释。用过的吸取汁液的枪头要及时还掉。

第五，反射仪测定：按 ON/OFF 键，打开反射仪。打开硝酸盐试纸的包装盒，找出其中的校正条，插入校正条插口，反射仪会自动校正。按 START 键，屏幕显示 60 秒的时间。把硝酸盐试纸条下端浸入待测溶液，同时再按 START 键。试纸条充分湿润后，拿出用手不断摇动，使尽快干燥，同时屏幕上的数字不断减少。时间剩最后 5 秒时，左手把试条插口右边的黑色把手向右扳，右手把试纸显色端插入试纸条插口中，放开左手，反射仪读数后记录。注意试纸条的显色端插入时朝左（操作不熟练时最好提前 10 秒插入）。反射仪的读数范围是 0～90 毫克/升，超出此范围必须把样品重新稀释后测定。同时尽量使读数位于中间范围，过高和过低的读数误差比较大。

（2）夏玉米硝酸盐的测定 第一，田间取样：取试验小区内长势均一植株的最新完全展开叶。最好是每小区取 3 物，每行随机取 10 片叶片。

第二，样品的处理：将所取叶片的中部叶脉剪下 3～4 厘米。继续用剪刀剪成 1 厘米放在白纸上，并在白纸上记录下样品的处理号。

第三，榨汁：把剪下的 1 厘米叶脉小心放入压汁钳里，用力挤压，将挤出的汁液滴在胶卷盒内，如果汁液太少则需要多压几次，并将胶卷盒贴上写好处理号的标签。用过的压汁钳要及时清洗，便于下一样品的测定。

第四，稀释：同冬小麦。

第五，反射仪测定：同冬小麦。

（3）测定结果 可参考中国肥料信息网的推荐方法，但不同区域应建立相应的指标体系。

# 第二章　肥料基础知识

## 第一节　常用肥料分类、特性及使用

### 一、肥料的性质和分类

肥料是指以提供植物养分为其主要功效的物料，其作用不仅是供给作物以养分、提高产量和品质，还可以培肥地力、改良土壤，是农业生产的物质基础。

肥料按化学成分分类：无机肥料、有机肥料；按元素种类分类：氮肥、磷肥、钾肥等；按养分多少分类：单质肥料、复合肥料等；按养分有效性分类：速效肥料、缓效肥料、长效肥料；按肥料状态分类：固体肥料、液体肥料、气态肥料；按化学性质分类：生理碱性肥料、生理酸性肥料、生理中性肥料。

#### （一）有机肥料

这类肥料一般由动物、植物残体或排泄物组成，含有较多的有机质，需经分解后才能被植物利用，肥效迟缓但持久；所含养分元素的种类齐全但浓度低，可明显改善土壤的物理、化学以及生物学性质；体积大，在无害化处理以及运输与施用方面需要大量劳动力。

#### （二）无机肥料

无机肥料又名化学肥料，其生产中应用煤、石油、天然气等能源，以地壳中埋藏的矿物态养分元素或大气中的气态养分元素（如 $N_2$）作为原料，通过现代的化学生产工艺转变成简单形态的肥料。化学肥料多数是水溶性或弱酸性，能为植物直接吸收利用；能够改变或调控土壤中某种或数种营养元素的浓度；施入土壤后其养分形态也可能发生变化，而导致养分的有效性下降；化学肥料的加工、运输、贮藏和施用等有一定的要求。

## （三）生物肥料

生物肥料是含有益微生物的菌剂，主要作用在于促进所接种微生物的繁殖，调整作物与微生物相互间关系，利用后者的活动或代谢产物，改善作物营养状况或抑制病害，从而获得增产。生物肥料含有高效活性菌株，要求有适宜的土壤环境；施用方法和时间等有严格要求。

## 二、主要化肥品种和性质

### （一）氮肥

氮肥生产是我国化肥工业的重点，氮肥产量占化肥总产量的绝大部分。氮肥种类很多，大致可分为铵态氮肥、硝态氮肥、酰胺态氮肥和长效氮肥，其中尿素和碳酸氢铵为最常用品种。

#### 1. 尿素

含 N 42% ~46%，含氮较高，是固态肥料含 N 最高的单质氮肥。尿素 $[CO(NH_2)_2]$ 是化学合成的有机小分子化合物。尿素为白色针状或棱柱状结晶，易溶于水，易吸湿，特别是在温度大于 20℃、相对湿度 80% 时吸湿性更大。目前，在尿素生产中加入疏水物质制成颗粒状肥料，以降低其吸湿性。尿素制造过程中，温度过高，会产生缩二脲，尿素中缩二脲含量应小于 2.0%。

#### 2. 碳酸氢铵

碳酸氢铵含氮 17% 左右，是在氨水中通入 $CO_2$，离心、干燥而成，其制造流程简单，能量消耗低，投资省，建设速度快。碳酸氢铵为白色细小的结晶，易溶于水，属速效性肥料；肥料水溶液 pH 值为 8.2~8.4，呈碱性反应；碳酸氢铵化学性质不稳定，易分解挥发损失氨，尤其对热的稳定性差，高温下更易引起分解，所以应密封、阴凉干燥处保存。

施入土壤后，碳酸氢铵很快发生解离为均能被作物吸收利

用的 $NH_4^+$ 和 $HCO_3^-$，不残留任何副成分，因此，长期施用不会给土壤带来任何影响。

**（二）磷肥**

磷肥按磷的有效性或溶解度不同分为水溶性磷肥，即肥料中的磷能被水溶解出来的磷肥，如过磷酸钙、重过磷酸钙等；弱酸溶性磷肥，即肥料中的磷素能被2%的柠檬酸或中性柠檬酸铵溶解出来，如钙镁磷肥；难溶性磷肥即肥料中的磷只能被强酸所溶解的磷肥，如磷矿粉。所有磷肥中过磷酸钙为最常用品种。

过磷酸钙，简称普钙，是酸制法磷肥的一种，是用硫酸分解磷灰石或磷矿石而制成的肥料。

1. 成分

过磷酸钙成品中含有效磷（以 $P_2O_5$ 计）12% ~ 20%。主要含磷化合物是水溶性磷酸一钙 $[Ca(H_2PO_4)_2 \cdot 2H_2O]$，占肥料总量的30% ~ 50%；难溶性硫酸钙 $[CaSO_4 \cdot 2H_2O]$，占肥料总量的40% ~ 45%。此外还含有3% ~ 5%游离磷酸和硫酸。

2. 性质

过磷酸钙为灰白色、粉末状，呈酸性反应，有一定的吸湿性和腐蚀性；潮湿的条件下易吸湿、结块。过磷酸钙易发生磷酸的退化作用即过磷酸钙吸湿或遇到潮湿条件、放置过长，会引起多种化学反应，主要是指其中的硫酸铁、铝杂质与水溶性的磷酸一钙发生反应生成难溶性的磷酸铁、铝盐，降低了磷肥肥效的现象，因此，过磷酸钙含水量、游离酸含量都不宜超标，并且在贮存和运输过程中注意防潮，贮存时间也不宜过长。

**（三）钾肥**

1. 硫酸钾

硫酸钾主要是明矾石、钾镁矾为原料经煅烧加工而成的，为白色或淡黄色结晶；$K_2O$ 含量为50% ~ 52%，易溶于水，对作物是速效的，吸湿性较小，不易结块，属化学中性、生理酸性肥料。

2. 氯化钾

氯化钾主要由光卤石（$KCl \cdot MgCl_2 \cdot H_2O$）、钾石矿、盐卤（$NaCl \cdot KCl$）加工而制成的，为白色或淡黄色、紫红色结晶，$K_2O$ 含量为60%，易溶于水，对作物是速效的，有一定吸湿性，长久贮存会结块，属化学中性、生理酸性肥料。

**（四）复合（混）肥料**

复合（混）肥料系指含有 N、P、K 三要素中两种或两种以上养分的化学肥料，有的国家也叫综合肥料或多养分肥料，有时在复合（混）肥料中除 N、P、K 以外亦可以含有一种或几种可标明含量的中微量营养元素。

含两种养分的复混肥料称为二元复混肥料，含 3 种养分的复混肥料称为三元复混肥料；除 3 种养分外，还含有微量元素的叫多元复混肥料；除养分外，还含有农药或生长素类物质叫多功能复混肥料。

复混肥料按养分浓度的不同又分为低浓度复混肥、中浓度复混肥、高浓度复混肥。

**（五）微量元素肥料**

微量元素肥料，简称微肥，是指含有微量元素养分的肥料，如硼肥、锰肥、铜肥、锌肥、钼肥、铁肥、氯肥等。微量元素肥料可以是含有一种微量元素的单纯化合物，也可以是含有多种微量和大量营养元素的复合肥料和混合肥料。微量元素肥料可用作基肥、种肥或喷施等。

**三、新型肥料的特性与使用**

随着施肥技术创新和无公害农业的发展，肥料投入结构发生较大变化，肥料新品种不断涌现。这些新肥料都顺应无公害的发展方向，具有广阔的发展前景。新型肥料的主要作用：能够直接或间接地为作物提供必需的营养成分；调节土壤酸碱度、改良土壤结构、改善土壤理化性质和生物学性质；调节或改善作物的生长机制；改善肥料品质和性质或能提高肥料的利用率等。

缓/控释肥料、生物肥料和有机复合肥料，是国际上当前和今后一个时期新型肥料研究和开发的热点领域，代表新型肥料的研究和发展方向。

**（一）缓/控释肥料**

长期以来，肥料工作者一直希望研制一种肥料，可以依据作物不同生长发育阶段对养分的需求规律，人为地控制养分释放速率，尽量减少氮素养分在土壤中的损失和磷钾在土壤中的固定，尽可能提高肥料利用率；满足现代农业的需求，省时、省力，对土壤和作物无污染。

缓/控释肥料最大的特点是养分释放与作物吸收同步，简化施肥技术，实现一次性施肥满足作物整个生长期的需要，肥料损失少，利用率高，环境友好。世界各国都逐步认识到，提高肥料利用率的最有效措施之一。20世纪80年代以来，美国、日本、欧洲、以色列等发达国家和地区都将研究重点由科学施肥技术转向新型缓/控释肥料的研制，力求从改变化肥自身的特性来大幅度提高肥料的利用率。缓/控释肥料被誉为21世纪肥料产业的重要发展方向。

**（二）有机复合肥料**

有机复合肥料是在充分腐熟、发酵好的有机物中加入一定比例的化肥，充分混匀并经工艺造粒而成的复混肥料。主要功能成分为有机物、氮磷钾养分。一般有机物含量20%以上，氮磷钾总养分20%以上。由于它能同时提供有机养分和无机养分，肥效速缓相济，优势互补，能减少无机养分的固定和淋失，提高化肥利用率，有利于土壤改良，提高农产品的品质及产量，减轻环境污染。解决了现有农田因使用化学物质后，土壤的自然肥力随着每年连续施用化学物质而显著下降，导致每年为保持高产而必须逐渐加大化学肥料的施用量，从而保证我国农业可持续发展。目前，有机复合肥料广泛用于果、菜等经济作物和保护地栽培。

### （三）微生物肥料

微生物肥料是指含有活性微生物的特定制品，应用于农业生产中，能够获得特定的肥料效应。在这种效应的产生中，制品中的活性微生物起关键作用，符合上述规定的制品属微生物肥料。将微生物肥料用在种子、土壤上，可增进土壤肥力，协助植物吸收营养，增强植物抗病及抗旱能力，节约能源，降低生产成本，减少环境污染。

微生物肥料的种类很多，按制品中特定的微生物种类分为细菌肥料（根瘤菌肥料、固氮菌肥料）、放线菌肥料（如抗生菌类）、真菌肥料（如菌根真菌）等；按其作用机理分为根瘤菌肥料、固氮菌肥料、磷细菌肥料、硅酸盐细菌肥料等；按其制品内含有的微生物种类分为单纯微生物肥料。

根瘤菌肥料是指用于豆科作物接种，使豆科作物结瘤、固氮的接种剂。使用方法多为拌种，即在豆科作物种植之前将根瘤菌肥拌在种子上以促进共生固氮，达到增产的目的。

固氮菌肥料是以能够自由生活的固氮的微生物肥料为菌种生产出来的固氮菌肥料。固氮菌适用于各种作物，特别是禾本科作物和蔬菜中的叶菜类作物，可做基肥、追肥和种肥。与有机肥、磷肥、钾肥及微量元素肥料配合施用，对固氮菌的活性有促进作用。

磷细菌肥料是能把土壤中难溶性的磷转化为作物能利用的有效磷素营养，又能分泌激素刺激作物生长的活体微生物制品。磷细菌肥可以用做基肥、追肥和种肥（浸种、拌种），具体施用量以产品说明为准。

硅酸盐细菌肥料是指在土壤中通过硅酸盐细菌的生命活动，增加植物营养元素的供应量，刺激作物生长，抑制有害微生物活动，对作物有一定的增产效果的微生物制品。硅酸盐细菌肥可以做基肥、追肥和拌种或蘸根用。

复合（或复混）微生物肥料是为了提高接种效果或显示接种效果，将两种或两种以上的微生物或一种微生物与其他营养物质复配而成的制品。

# 第二节　肥料配方设计

## 一、肥料施用量试验

### （一）目的意义

通过肥料施用量试验，初步掌握田间试验的基本方法和进行试验研究的综合技能，为配方施肥和拟定作物适宜施肥量提供依据。

### （二）试验设计

1. 试验材料

供试作物____苹果____供试肥料_____

2. 试验处理

试验设 5 个处理：

处理 1　不施肥

处理 2　肥底（有机肥）

处理 3　肥底（有机肥）＋施肥量 1

处理 4　肥底（有机肥）＋施肥量 2

处理 5　肥底（有机肥）＋施肥量 3

施肥量 2 为上一年的施肥量，施肥量 1 在施肥量 2 的基础上减少，施肥量 3 在施肥量 2 的基础上增加。

3. 试验小区

选择长势相同的苹果树，3 株为一个小区，3 次重复。

4. 排列方式

采用随机排列，小区中间要留出保护行。

5. 田间管理

田间管理包括施肥的种类、数量和日期，病虫害发生与防治，灌溉等。每个小区除了施肥量不同外，其他的管理措施必须完全相同。

## （三）观察记载

1. 果树生长情况

定期观察果树枝条的生长情况，叶片的颜色、大小等。

2. 产量和品质

产量记载表见表2-1。

品质特征主要包括果实的颜色、形状，果实口感风味等。

### 表2-1　产量记载

| 处理 | 重复1 | 重复2 | 重复3 |
| --- | --- | --- | --- |
| 1 | | | |
| 2 | | | |
| 3 | | | |
| 4 | | | |
| 5 | | | |

# 二、肥料施用情况记录

## （一）目的和意义

在蔬菜和果园生产中，按照要求记录肥料施用情况，目的在于充分了解肥料施用的时间、数量和种类，以便于分析肥料施用中存在的问题，有利于建立肥料施用档案，并可为配方施肥方案的制订提供参考。

## （二）记录方法

对已种植的蔬菜或果园，按照表2-2、表2-3、表2-4的要求记录肥料的施用情况。

### 表 2 – 2　蔬菜肥料施用情况记录

_____年

| 农户：<br>×××       | 地块：   | 地点：××市××乡×<br>×村   | 面积：         | 设施种类：   |           |
|----------|----------|-----------|--------|-------|-----------|
| 轮作方式 | 第一茬   | 蔬菜一：  |        | 产量： |           |
|          |          | 定植时间：| 收获时间：|       |           |
|          | 第二茬   | 蔬菜二：  |        | 产量： |           |
|          |          | 定植时间：| 收获时间：|       |           |
| 施肥情况 | 蔬菜一   | 肥料种类<br>数量<br>时期<br>方法 |        |       |           |
|          | 蔬菜二   | 肥料种类<br>数量<br>时期<br>方法 |        |       |           |

### 表 2 – 3　果园肥料施用情况记录

_____年

| 农户：         | 地块：   | 地点：   | 面积：   | 株数：   |
|----------------|----------|----------|----------|----------|
| 果树种类：     |          | 树龄：   | 产量：   |          |
| 施肥次数       | 施肥 1   | 施肥 2   | 施肥 3   | 施肥 4   |
| 施肥时期<br>肥料种类及数量<br>施肥方法 |          |          |          |          |

表 2 – 4　化肥的基本情况

| 化肥名称 | 品牌及产地 | 养分含量 | 备注 |
|---|---|---|---|
| ⋮ | ⋮ | ⋮ | |

# 第三节　肥料市场知识

## 一、如何鉴别化肥的真与假

作为农资消费的主体，农民分辨假冒伪劣农资的能力很有限，使不法营销商有机可乘，因此整顿农资市场固然重要，而教农民掌握分辨假冒伪劣农资渠道，让农资打假成为农民主动、自觉的行为，形成长效机制，以堵住农资造假售假的渠道。针对化肥真与假的鉴别，消费者需要了解目前市场常见化肥的主要性质和特点、各种化肥产品的质量标准（部标或国标）、化肥的商品特征、简易的真伪鉴别方法。

### （一）化肥包装

根据国家规定化肥包装袋分为多层袋和复合袋两种，多层袋外袋为塑料编织袋，内袋为高密度聚乙烯薄膜袋；复合袋为二合一或三合一袋（塑料编织袋/膜、塑料编织布/膜、塑料编织布/膜/牛皮纸、塑料编织布/牛皮纸等）。另外，口袋上缝口必须折边（卷边）缝合。

商标和肥料名称，一般都是大家比较熟悉的和国家规定的名称，如果有特殊用途如专用肥，在产品名称下标出。

养分含量，如尿素、碳酸氢铵等要标明单一养分的百分含量，如果肥料中加中量养分或微量元素，应单独标出，且不可计入总养分含量。当中量元素含量低于 2% 或微量元素低于 0.02% 时不得标出。复合肥料如 16－20－8 表示含 N 16%、$P_2O_5$ 20%、$K_2O$ 8%，如果没有特殊规定不能随意标上其他养分。

肥料标准：GB 代表国标、QB 代表企业标准、HB 代表行业标准。

生产商信息，包括生产企业或经销商名称、生产地、联系电话等以便有问题直接联络。除以上外，还有产品质量合格证、生产许可证号、生产日期及其批号等一般都在肥料袋内。

**（二）常用定性鉴别方法**

1. 从形状和颜色上鉴别

（1）尿素　为白色或淡黄色，呈颗粒状、针状或棱柱状结晶。

（2）硫酸铵　为白色晶体。

（3）碳酸氢铵　呈白色或其他杂色粉末状或颗粒状结晶，个别厂家生产大颗粒球状碳酸氢铵。

（4）氯化铵　为白色或淡黄色结晶。

（5）硝酸铵　为白色粉状结晶或白色、淡黄色球状颗粒。

（6）过磷酸钙　为灰白色或浅肤色粉末。

（7）重过磷酸钙　为深灰色、灰白色颗粒或粉末状。

（8）钙镁磷肥　为灰褐色或暗绿色粉末。

（9）磷矿粉　为灰色、褐色或黄色细粉。

（10）硝酸磷肥　为灰白色颗粒。

（11）硫酸钾　为白色晶体或粉末。

（12）氯化钾　为白色或淡红色颗粒。

（13）磷酸一铵　为灰白色或深灰色颗粒。

（14）磷酸二铵　为白色或淡黄色颗粒。

### 2. 从气味上鉴别

有明显刺鼻氨味的细粒是碳酸氢铵；有酸味的细粉是重过磷酸钙。如果过磷酸钙有很刺鼻的怪酸味，则说明生产过程中很可能使用了废硫酸，这种劣质化肥有很大的毒性，极易损伤或烧死作物。

### 3. 加水溶解鉴别法

取化肥 1 克，放入干净的玻璃管（或玻璃杯、白瓷碗）中，加入 10 毫克蒸馏水（或干净的凉开水），充分摇动，看其溶解的情况，全部溶解的是氮肥或钾肥；溶于水但有残渣的是过磷酸钙；溶于水无残渣或残渣很少的是重过磷酸钙；溶于水但有较大氨味的是碳酸氢铵。

### 4. 灼烧鉴别法

取一小勺化肥放在烧红的木炭上，使剧烈燃烧，仔细观察，冒烟起火，有氨味的是硝酸铵；爆响，无氨味的是氯化钾；无剧烈反应，有氨味的是尿素和氯化铵。

### 5. 化验定性鉴定

鉴别过磷酸钙和钙镁磷肥时，将两种肥料取出少许，溶于少量蒸馏水中，用 pH 广泛试纸鉴别，呈酸性的是过磷酸钙，呈中性的是钙镁磷肥。鉴别氯化钾或硫酸钾时，可加入 5% 氯化钡溶液，产生白色沉淀的为硫酸钾；加入 1% 硝酸银时，产生白色絮状物的为氯化钾。

## 二、怎样购买放心肥

### （一）选择合法的经销商

（1）到合法的、正规的营销点购买　不买临时的、地摊的、串户的，购买时还要查看"证"和"照"。一般化肥销售商都会有工商局正规营业执照，没有营业执照的千万不能购买。

（2）货比三家　选择守信誉、重质量、有诚信的销售商作为自己选购肥料的主要渠道，避免上造假窝点的当。

**（二）选择合法的产品**

（1）查看产品质量合格证书。

（2）选择经常使用的品牌，或者大品牌产品。

未听说过也没有使用过的品牌要慎重，如有条件可以上网查验产品和企业登记情况，上大型公司的网站查询或者拨打电话查询。

**（三）检查包装和标识**

（1）检查包装袋外观　如果包装袋已经破损或者字迹不清，建议不要购买，要提防旧袋子装假货。

（2）认真查看包装袋上的各种标识是否完整。

**（四）检查使用说明和注意事项**

对于没用过的产品一定要向经销商索要产品使用说明和注意事项（尤其是第一次购买新品种时一定要索要，要问清用量和用法）。

**（五）如何维护自己的权益**

（1）农民朋友应组织起来，统一到可靠的经销点购买、统一检测　这样可以分摊费用以降低质量检测的平均成本，可以避免上当受骗。

（2）最好整袋购买　如果散装购买需要记录购买的品牌和厂家联系电话。

（3）千万不要忘记索要购货凭证。

（4）买回家以后应保留样品　保留的样品要包好，与原来的袋子放于一处，以保证纠纷时双方公认。

（5）如果发现购买了假化肥要及时举报　若发现所购肥料使用后有损害作物生长等异常现象，同时保护好现场并请技术人员调查分析，并整理好向肥料供应者索赔的有效证据，要及时向国家相关部门举报。

# 第四节　肥料的合理施用

## 一、植物营养诊断原理

### （一）养分缺乏、适宜和毒害范围

在植物营养元素含量达到临界浓度之前是缺乏范围。

元素含量超过临界水平后，作物产量不再随元素含量的提高而上升，而在一定范围内维持最高水平，这一段称为适宜（或称丰富）范围。

随着营养元素含量的继续提高，超过适宜范围，就进入过剩（或毒害）范围。

### （二）植物营养诊断中的一些概念

缺乏：有缺素症，施用该养分反应明显。

低量：无明显缺素症，施用该养分一般有反应。

足量：养分供应合适。

高量：养分富裕。

临界浓度：植株生长最早开始受到阻碍时的浓度。

## 二、作物大量元素缺乏症状

### （一）缺氮症状

氮不足时植株生长矮小，分枝分蘖少，叶色变淡，呈浅绿或黄绿，尤其是基部叶片。因氮易从较老组织运输到幼嫩组织中再利用，缺氮首先从下部叶片开始黄化，逐渐扩展到上部叶片，黄叶脱落提早。缺氮株型也发生改变，瘦小、直立，茎秆细瘦，根量少、细长而色白。缺氮侧芽呈休眠状态或枯萎，花和果实少，成熟提早，产量、品质下降。

### （二）缺磷症状

磷不足植株生长缓慢、矮小、苍老、茎细直立，分枝或分蘖较少，叶小，呈暗绿或灰绿色而无光泽，茎叶常因积累花青苷而带紫红色，根系发育差，易老化。由于磷易从较老组织运输到幼嫩组织中再利用，故缺磷症状从较老叶片开始向上扩展。缺磷植物的果实和种子少而小，成熟延迟产量和品质降低。轻度缺磷外表形态不易表现，不同作物症状表现有所差异。

**（三）缺钾症状**

钾不足时纤维素等细胞壁组成物质减少，厚壁细胞木质化程度较低，影响茎的强度，易倒伏。缺钾蛋白质合成受阻，氮代谢的正常进行被破坏，常引起腐胺积累，使叶片出现坏死斑点。因为钾在植株体中容易被再利用，所以新叶上症状后出现，症状首先从较老叶片上出现。缺钾一般表现为最初老叶叶尖及叶缘发黄，以后黄化部逐步向内伸展，同时叶缘变褐、焦枯、似灼烧，叶片出现褐斑。

**（四）缺钙症状**

钙直接与果实硬度有关，增加果实中的钙和磷可提高果实硬度。随着果实的膨大，如果钙的供应未增加，果实中的钙就被稀释了，大果中的钙减少了，这导致果肉中钙减少，果实硬度降低。因此缺钙果实内部腐烂，病害多，裂果多，保鲜期短。

**三、作物微量元素缺乏症状**

**（一）缺锌症状**

植物缺锌时，生长受抑制，尤其是节间生长严重受阻，并表现出叶片的脉间失绿或白化。生长素浓度降低，赤霉素含量明显减少。缺锌时叶绿体内膜系统易遭破坏，叶绿素形成受阻，因而植物常出现叶脉间失绿现象。典型症状：果树"小叶病""簇叶病"。

**（二）缺铁症状**

植物缺铁总是从幼叶开始，典型症状是叶片的叶脉间和细网组织中出现失绿症，叶片上叶脉深绿而脉间黄化，黄绿相间明显；严重缺铁时，叶片出现坏死斑点，并且逐渐枯死。植物的根系形态会出现明显的变化，如根的生长受阻、产生大量根毛等。

### （三）缺钼症状

作物缺钼的共同特征是：生长不良、矮小、叶脉间失绿或叶片扭曲。缺钼主要发生在对钼敏感的作物上。因为钼在作物体内不容易转移，缺钼首先发生在幼嫩部分。

### （四）缺硼症状

植物缺硼症状茎尖生长点生长受抑制，严重时枯萎，甚至死亡。老叶叶片变厚变脆、畸形，枝条节间短，出现木栓化现象。根的生长发育明显受阻，根短粗兼有褐色。生殖器官发育受阻，结实率低，果实小、畸形，导致种子和果实减产。

## 四、作物养分过量症状

作物氮素养分过量则贪青晚熟，生长期延长，细胞壁薄，植株柔软，易受机械损伤（倒伏）和病害侵袭（大麦褐锈病、小麦赤霉病、水稻褐斑病）。大量施用氮肥还会降低果蔬品质和耐贮存性；棉花蕾铃稀少易脱落；甜菜块根产糖率下降；纤维作物产量减少，纤维品质降低。

供磷过多，植物呼吸作用加强，消耗大量糖分和能量，对植株生长产生不良影响；地上部与根系生长比例失调，在地上部生长受抑制的同时，根系非常发达，根量极多而粗短；施用磷肥过多还会诱发缺铁、锌、镁等养分。

微量元素中毒的症状多表现在成熟叶片的尖端和边缘，如铁中毒的症状表现为老叶上有褐色斑点。微量元素中毒隐蔽性很强。如植株含钼高达几百毫克/千克也不一定表现中毒，但超过 15 毫克/千克时，如用作饲料可使牲畜中毒。

## 五、植物氮素营养快速诊断法

### （一）二苯胺法

随机采 30 个样株（玉米取功能叶 0.5 厘米叶脉），每 10 个为 1 组放在玻璃板上，加 2 滴二苯胺硫酸溶液，压上另一块玻璃板，挤压出汁并与试剂反应显蓝色，参照标准比色色阶得出植株体内 $NO_3^-$ 含量的级别。取 30 个样本的色级加权平均值。

### （二）反射仪法

反射仪是德国生产的一种适合田间条件下应用的仪器，该仪器体积小（19 厘米 ×8 厘米 ×2 厘米），携带方便。电池驱动。它利用光线反射原理来进行测定，仪器发射出的光线照在经过反应的试纸上，根据发射光和反射光的差异来确定硝酸盐的含量。

用该仪器配套的试纸，仪器直接显示测试结果。

### （三）土壤 $NO_3^-$ 田间快速测定诊断（美国玉米带采用）

反应剂类似硝酸试粉，比色用一个比色盘，颜色是连续的。浸提、过滤、显色、比色都在田间进行，所有设备都在一个小工作箱中。

### （四）无损测试技术在植物营养诊断中的应用

肥料窗口法（Fertilizer Window）是大田中留出一块或几块微区，微区中的施肥水平比大田整体微少，当微区中出现缺氮、叶色变浅时，表明大田作物正处于缺氮的边缘，此时应及时追肥。

## 六、土壤溶液浓度过高使作物产生盐害

化学肥料大都是由各种不同的盐类组成，所以当它们施入土壤后，就会增加土壤溶液中盐的浓度而产生不同大小的渗透压。如果因大量施用化肥而使土壤溶液的渗透压高于植物细胞质的渗透压，则细胞不但不能从土壤溶液中吸水，反而会将细胞质中的水分倒流进入土壤溶液，这就导致植物受害，通常把这种因土壤溶液盐浓度过高的受害现象称为"烧苗"或肥害。

不同作物的耐盐能力不同，施用同样的肥料，盐害的大小也不同。因此，在施肥时，特别在集中或大量施肥时，应该同时考虑肥料的盐害和作物的耐盐能力，以保证施肥的安全。

防止土壤盐渍化的主要措施：一是增施有机肥料。每年每亩施用优质腐熟有机肥 10 ~ 15 立方米或秸秆还田 1 000 ~ 1 200 千克，提高土壤缓冲能力。二是每 2 ~ 3 年深耕深翻（40 厘米深）一次，打破犁底层，使土壤盐分适当扩散，提高作物根系吸收养分范围。三是禁止盐水浇地，灌溉用水含盐量要低，一般要求灌溉水电导率为 0.5 ~ 1.0 毫西门子/厘米，不能超过 1.5 毫西门子/厘米，否则易引起土壤盐渍化，又引起作物生长障碍，降低产品品质。四是严格控制化肥用量，特别是磷钾复合肥更能增加土壤盐分含量。五是作物生长后期，尽量不施肥或少施肥，减少土壤盐分积累。六是作物收获后应浇大水，排盐，洗盐。

## 七、施用尿素和碳酸氢铵可能造成的不利影响

尿素施入土壤后，先经水解变成碳酸铵 $[(NH_4)_2CO_3]$ 或碳酸氢铵（$NH_4HCO_3$）、氢氧化铵（$NH_4OH$），它们在土壤中会进一步分解生成氨气（$NH_3$），特别在石灰性等 pH 值较高的土壤中，如果氨气太多就会伤害种子、幼苗或根系。在我国北方石灰性土壤上曾经发生过较大面积因尿素产生的氨气危害而导致大面积严重缺苗的现象。

大量施用碳酸氢铵作肥料，同样存在着因碳酸氢铵分解产生氨气而伤害作物。在气候炎热的情况下，特别在作物已经封行或雨后进行追肥或在作物叶面有水珠时追肥均可灼伤叶片。

如果尿素中缩二脲含量过高（我国规定尿素一级品的缩二脲含量≤1%，二级品≤1.8%），也会伤害作物，在叶面施肥或施在种子附近时要特别注意。在作叶面肥时，尿素的缩二脲含量最好在 0.25% 以下，缩二脲中毒常表现为叶片发黄，有时水稻秧苗可出现白化现象；在柑橘、咖啡和菠萝上可出现叶子黄化和卷曲；玉米叶片脉间失绿，生长矮小，叶片伸展不开等症状。缩二脲在土壤中可以较快地被微生物分解，所以，在土施时，只要与种子有一定距离，一般不会产生伤害。

在高 pH 值的土壤上，或者因施尿素、碳酸氢铵而产生局部高 pH 值的情况下，由于土壤中硝化作用被抑制，有可能出现二氧化氮（$NO_2$）的积累，如浓度过高也可能对作物产生毒害。因此，在任何情况下，都不应将尿素和种子一起施用或直接接触种子。

## 八、含氯肥料可能存在的有害作用

含氯肥料如氯化铵、氯化钾等对烟草作物品质的不利作用是人所共知的，如影响烟叶的色泽和燃烧性、易熄火、灰呈黑色等。一般来说，含氯肥料应避免在烟草、葡萄、薯类作物、莴苣等对氯敏感的作物上施用；但可在耐氯能力强的小麦、水稻上施用。另外，椰子和油棕需氯较多，施用含氯肥料有时会有好的作用。

## 九、过量施肥的危害

过量的氮、磷特别是氮素向水体和大气迁移，已对水体和大气环境产生了多方面的影响与危害。

如氮、磷向封闭性或半封闭性的湖泊、水库或向某些流速低于 1 米/分钟的滞流性河流、河口海湾迁移，将使水库、海湾水域发生富营养化；氨气（$NH_3$）和二氧化氮（$NO_2$）浓度过高将影响饮用水质量并加速含氮气体，如一氧化二氮（$N_2O$）、一氧化氮（$NO$）、二氧化氮（$NO_2$）、氮气（$N_2$）和氨气（$NH_3$）向大气迁移，除氮气外，它们或直接参与温室效应，或参与大气化学反应，破坏臭氧层等。

# 第三章　主要粮食作物测土配方施肥实用技术

## 第一节　水　稻

### 一、水稻需肥量和需肥规律

#### （一）水稻需肥量

在高产条件下，每生产100千克稻谷须吸收氮2.10~2.40千克、磷0.90~1.30千克、钾2.10~3.30千克。一般情况，常规稻的吸氮量高于杂交稻，而杂交稻的吸钾量则高于常规稻，吸磷量则基本相同。与小麦、玉米等禾谷类作物相比，水稻需氮量偏低，而对磷、钾的需求量与小麦、玉米基本相当，但由于水稻单产较高，因此，总需肥量仍高于小麦。水稻还是需硅量较大的作物，其体内的含硅量通常占总干物重的11%~20%，因此，生产上应重视硅肥在水稻的应用。

#### （二）水稻需肥规律

水稻全生育期可分为营养生长期和生殖生长期两大阶段，每个阶段又包含若干生育期，在不同的生育期对养分的需求量均不相同，表3-1列出了水稻不同生育期的养分吸收情况。

表3-1　水稻不同生育期吸收养分的特点

| 生育期 | 占全生育期吸收养分总量的百分数（%） | | |
| --- | --- | --- | --- |
| | 氮 | 磷 | 钾 |
| 秧苗期 | 0.5 | 0.26 | 0.40 |
| 分蘖期 | 23.16 | 10.58 | 16.95 |
| 拔节期 | 51.40 | 58.03 | 59.74 |

（续表）

| 生育期 | 占全生育期吸收养分总量的百分数（%） | | |
|---|---|---|---|
| | 氮 | 磷 | 钾 |
| 抽穗期 | 12.31 | 19.66 | 16.92 |
| 成熟期 | 12.63 | 11.47 | 5.99 |

从表 3-1 可以看出，水稻对氮、磷、钾的最大吸收量都在拔节期，均占全生育期养分总吸收量的 50% 以上，表明拔节期是养分对水稻的最大效率期，截至拔节期，水稻吸收的氮、磷、钾已分别占全生育期总吸收量的 75%、69% 和 77%。可以认为，在营养生长期，伴随着个体的不断增长，水稻不断进行着养分的吸收和积累，为生殖生长做物质储备。而生殖生长期对养分的吸收在提高千粒重进而增产方面有重要作用。

## 二、水稻施肥方法

在总结水稻施肥经验的基础上，可将其归纳如下。

（1）"前促"施肥法 其特点是重施基肥，早施分蘖肥，也有集中在基肥一次全层施用的。这种模式适用于双季早晚稻和单季稻中的早熟品种。以"增穗"为实现目标产量的主要途径。方法是基肥占总施肥量的 70%~80%，其余肥料在移栽返青期后全部施下。

（2）"前促、中控、后补"施肥法 其特点是施足基肥、早施分蘖肥、中期控氮、后期补施粒肥。这种方式在当前生产实践中应用广泛，特别适合于一季中稻，以提高穗粒数和增加粒重为实现目标产量的主要途径。

（3）"前稳、中促、后保"施肥法 其特点是施足基肥、重施穗肥、后施粒肥，适用于生长期较长的水稻品种和土壤保肥力较差的田块。以大穗、粒重为实现目标产量的主要途径。

一般水稻单产 500 千克/亩的情况下，每亩施用氮肥 15 千克以上，具体施肥量随着土壤肥力、水稻品种、栽培方法而不同，同时要求注意氮、磷、钾肥的配合施用。

### 三、水稻大田期追肥注意事项

分蘖期追肥：目的是增加穗数，方法是在施足基肥的基础上早施分蘖肥，一般在移栽后 5～10 天（田水清后）之内施用；以促进分蘖、提高成穗率、增加有效穗。施肥的数量看稻田肥力水平、底肥情况、栽培密度而定，如果在稻田肥力水平高、底肥情况足、栽培密度大的情况下，要防止群体发展过快、封行过早，不宜多施用分蘖肥，应适当增加穗肥提高成穗率。

幼穗发育期追肥：又叫穗肥，其目的是巩固有效分蘖、促进穗粒数增加。穗肥又分为两种，促花肥与保花肥；一般以保花肥为主，即在幼穗有 1.5 厘米长时追施保花肥，一般用量为尿素 5 千克/亩左右，具体用量还要看苗、看天而定，一般苗不褪色不施、天气多雨不施。促花肥则在穗轴分化期至颖花分化期施用，目的是增加每穗颖花数。穗肥还有增加最后 3 片叶的含氮量的作用，防止叶片和根系早衰。

粒肥：目的是延长叶片功能期，提高光合强度，增加粒重，减少空瘪粒。方法为齐穗期追施氮肥（每亩 3 千克左右的尿素，具体用量看叶片的颜色）或叶面喷施氮或氮磷钾混合液。

水稻除了进行土壤施肥外，叶面喷肥也有一定效果，是补充水稻后期营养的有效措施。根据试验结果，在水稻拔节初期，用尿素进行根外追肥，稻粒和稻草都能增产。

### 四、水稻缺磷、缺钾或缺锌造成"僵苗"的区别

磷是构成细胞原生质中细胞核的主要成分，对细胞分裂、幼苗生长、根系发育均有重要影响。水稻缺磷时引起的僵苗症状是新叶暗绿色，老叶灰紫，叶直立，鞘长叶短，严重时叶片卷曲。根系细弱软绵，弹性差，分根少，夹紧不分开，如土壤中产生硫化氢时，则根系发黑。水稻缺磷时出现僵苗的原因：一是土壤中缺乏有效磷；二是土壤中有效磷虽不缺乏，但因水、土温度低，或土壤中产生还原性有害物质对稻根产生毒害，造成吸磷少的生理缺磷现象。

水稻因缺钾引起的"僵苗"又叫赤枯病，返青后便可以发生，一般在移栽后 20～30 天达到发病高峰。僵苗的症状是病苗生长停滞，植株矮小，分蘖少，叶深绿，叶片由下而上，由叶尖向叶基部逐渐出现黄褐色至赤褐色斑点，并连成条斑，严重时叶片自下而上枯死，甚至连叶鞘、茎秆上也有病斑，远看一片焦赤。在土壤长期淹水且还原性很强的稻田，根系老化腐朽，细根容易脱落，新根少，呈黄褐至暗赤褐色，最后变成黑色，甚至腐烂。水稻缺钾引起的病害，多数由于稻根受冷害，或土壤中有毒物质的毒害，使水稻吸收能力降低，特别是吸钾量少而诱发的"生理性赤枯病"。在沙土及漏水田，有效钾含量低，容易淋失，也会引起缺钾。在有机肥少，大量偏施氮肥情况下，也会因营养平衡失调，引起水稻缺钾，造成僵苗。

由于缺锌引起的水稻僵苗，农民群众称为"红苗"或"缩苗"，通常在插秧后 20 天左右发病严重。先为老叶的叶尖干枯，叶片自下而上沿中肋两侧发生黄赤色或赤褐色不规则锈斑，渐而向叶片两端扩大连片。新叶小，出叶慢，叶鞘短，植株矮缩。严重时除新叶外整株枯赤焦干，甚至连叶鞘茎秆上也有锈斑。发根少或不发新根，根系黄白色，当土壤中含有毒物质时，根系也会变黑。土壤缺锌的原因是中性至碱性的土壤有效锌缺乏，特别是在淹水条件下更为严重。

因此，在石灰性土壤上种水稻，容易出现缺锌症状。土壤连年大量施用磷肥，使土壤锌的有效性下降，诱发缺锌。插秧后低温条件下，锌的有效性低，根系吸收力弱。也会引起缺锌。根据水稻缺磷、缺钾、缺锌症状，采取相应的补磷、补钾、补锌措施，可以有效地改善水稻出现的"僵苗"症状。

# 第二节 玉 米

## 一、存在问题与施肥原则

玉米生产存在的主要施肥问题如下。

（1）氮肥一次性施肥面积较大，在一些地区易造成前期烧种烧苗和后期脱肥。

（2）有机肥施用量较少。

（3）种植密度较低，保苗株数不够，影响肥料应用效果。

（4）土壤耕层过浅，影响根系发育，易旱易倒伏。

根据上述问题，提出以下施肥原则。

①氮肥分次施用，适当降低基肥用量、充分利用磷、钾肥后效。②土壤 pH 值高、高产地块和缺锌的土壤注意施用锌肥。③增加有机肥用量，加大秸秆还田力度。④推广应用高产耐密品种，适当增加玉米种植密度，提高玉米产量，充分发挥肥料效果。⑤深松整地打破犁底层，促进根系发育，提高水肥利用效率。

## 二、施肥建议

### （一）产量水平 400 千克/亩

玉米产量 400 千克/亩地块，氮肥用量推荐为 6～8 千克/亩，磷肥用量 4～5 千克/亩，土壤速效钾含量 <100 毫克/千克时，适当补施钾肥 1～2 千克/亩。每亩施农家肥 700 千克以上。

### （二）产量水平 400～500 千克/亩

玉米产量 400～500 千克/亩地块，氮肥用量推荐为 8～10 千克/亩，磷肥用量 5～6 千克/亩，土壤速效钾含量 <100 毫克/千克，适当补施钾肥 1～2 千克/亩。每亩施农家肥 700 千克以上。

### （三）产量水平 500～650 千克/亩

玉米产量在 500～650 千克/亩的地块，氮肥用量推荐为 8～10 千克/亩，磷肥 6～9 千克/亩，土壤速效钾含量 <120 毫克/千克，适当补施钾肥 2～3 千克/亩。每亩施农家肥 1 000 千克以上。

### （四）产量水平 650～750 千克/亩

玉米产量在 650～750 千克/亩以上的地块，氮肥用量推荐为

10 ~ 14 千克/亩,磷肥 9 ~ 11 千克/亩,土壤速效钾含量 < 150毫克/千克,适当补施钾肥 3 ~ 4 千克/亩。每亩施农家肥 2 000 千克以上。

**（五）产量水平750千克/亩以上**

玉米产量在 750 千克/亩以上的地块,氮肥用量推荐为14 ~ 15 千克/亩,磷肥 11 ~ 12 千克/亩,土壤速效钾含量 < 150毫克/千克,适当补施钾肥 3 ~ 4 千克/亩。每亩施农家肥 2 000 千克以上。

**三、施肥方法**

作物秸秆还田地块要增加氮肥用量10% ~ 15%,以协调碳氮比,促进秸秆腐解。要大力推广玉米施锌技术,每千克种子拌硫酸锌4~6克,或每亩底施硫酸锌1.5~2千克。同时,要采用科学的施肥方法。一是大力提倡化肥深施,坚决杜绝肥料撒施。基肥、追肥施肥深度要分别达到15 ~ 20 厘米、5 ~ 10 厘米。二是施足底肥,合理追肥。一般有机肥、磷肥、钾肥及中微量元素肥料均做底肥,氮肥则分期施用。玉米田施氮肥时,60% ~ 70% 做底施、30% ~ 40% 追施。

# 第三节　小　麦

## 一、小麦后期喷施磷酸二氢钾可以增产

冬小麦从抽穗到灌浆期,经常遇到干热风的侵袭。干热风会使麦株青枯,不能正常灌浆成熟,麦粒空瘪,粒重降低,减产可达 10% ~ 30%。如果在小麦抽穗到乳熟期喷施磷酸二氢钾,磷、钾营养经小麦叶吸收后,能加快干物质的合成、运输和积累,使麦粒灌浆充足,灌浆速度加快,有明显的增加粒重和促进成熟的作用,从而减轻干热风的危害。对于后期氮素营养偏多的麦株,喷施磷酸二氢钾,有使干物质合成和积累加快的作用。因此,对灌浆结实也有一定好处,即使发生干热风的年份也能增产。磷酸二氢钾浓度以 0.2% 为宜,每亩喷 50 千克肥液,

用药 100 千克左右。喷肥时间以抽穗扬花期为好，灌浆期再喷一次效果更好，两次间隔 10~15 天。

## 二、冬小麦的需肥量和需肥规律

我国种植的冬小麦一般在秋末冬初播种，来年夏初前后收获，生育期较长。小麦是一种需肥较多的作物，据统计分析，在一般栽培条件下，每生产 50 千克小麦，须从土壤中吸收氮 1.5 千克左右、磷 0.5~0.75 千克、钾 1.5~2 千克，氮、磷、钾的比例约为 3:1:3。小麦对氮、磷、钾的吸收量，随着品种特性、栽培技术、土壤和气候等有所变化。产量要求越高，吸收养分的总量也随之增多。

小麦在不同生育期，对养分的吸收数量和比例是不同的。小麦对氮的吸收有两个高峰：一是在出苗到拔节阶段，吸收氮占总氮量的 40% 左右；二是在拔节到孕穗开花阶段，吸收氮占总氮量的 30%~40%，在开花以后仍有少量吸收。小麦对磷、钾的吸收，在分蘖期的吸收量约占总吸收量的 30%，拔节以后吸收率急剧增长。磷的吸收以孕穗到成熟期吸收量最大，约占总吸收量的 40%。钾的吸收以拔节到孕穗、开花期为最多，占总吸收量的 60%，在开花时对钾的吸收达到最大。因此，在小麦苗期，应有适量的氮素营养和一定的磷、钾肥，促使幼苗早分蘖、早发根，培育壮苗。拔节到开花是小麦一生吸收养分最多的时期，需要较多的氮、钾营养，以巩固分蘖成穗，促进壮秆、增粒。抽穗、扬花以后应保持足够的氮、磷营养，以防脱肥早衰，促进光合产物的转化和运输，促进麦粒灌浆饱满，增加粒重。

## 三、冬小麦如何施用底肥和种肥

施足小麦底肥是提高麦田土壤肥力的重要措施。底肥既能保证小麦苗期生长对养分的需要，促进早生快发，使麦苗在入冬前长出足够的健壮分蘖和强大的根系，又为春后生长打下基础。底肥对小麦中期稳长、成穗和防止后期早衰也有良好作用。

底肥的数量应根据产量要求，肥料种类、性质、土壤和气候条件而定。底肥应占施肥总量的 60% ~ 70% 为宜。底肥应以有机肥为主，适量施用氮、磷、钾等化学肥料。一般每亩施农家肥 1 ~ 1.5 吨、尿素 10 千克或碳酸氢铵 25 千克、过磷酸钙 25 千克、氯化钾 5 ~ 7.5 千克，或草木灰 50 ~ 75 千克。粗肥数量多，在保肥力强的黏性土和干旱地区，肥料不易分解，底肥的比例可大些；精肥数量多，在保肥力差的沙性土和雨水较多的地区，底肥比例应小一些。

底肥施用方法：数量多时，应全层施用，粗肥可在耕地前深施，精肥适当浅施做表层肥；底肥数量少时，应集中施用，采用条施或穴施的办法。磷肥最好与有机肥混合施用，对速效磷肥可以减少土壤对磷的吸附、固定；对迟效或难溶性磷肥，有利于磷的释放和被作物吸收。

小麦播种时用适量速效氮、磷肥做种肥，能促进小麦生根发苗，提早分蘖，增加产量，对晚茬麦和底肥不足的麦田有显著的增产效果。各地试验证明，施用硫酸铵拌种的可增产 10% 左右。氮肥做种肥一般每亩用 5 千克硫酸铵或 2.5 千克尿素，碳酸氢铵易挥发，不宜做种肥。磷肥做种肥时，可预先将过磷酸钙与腐熟的农家肥粉碎过筛后，制成颗粒肥与小麦种子混播；也可将过磷酸钙撒在土表后，浅耕混匀再行播种。过磷酸钙的用量一般每亩施 7.5 ~ 10 千克。对土壤肥沃或底肥充足的麦田，种肥可以不施。

种肥的施用方法可概括为两种，即将化肥与麦种混合播种，或与麦种隔一定的土层分施。化肥与种子混播操作方便，但由于化肥和种子的颗粒大小不同，重量也不相同，二者很难同时均匀地施入土壤。因此，机器播种时，要注意经常搅拌。

## 四、小麦如何巧施返青、拔节、孕穗肥

小麦返青后生长开始转旺，吸收养分逐渐增多，但是此时地温不高，做底肥施下的农家肥料分解缓慢，不能满足小麦需

要，因此要追施速效化肥。追肥要看苗追施，对于冬前每亩总茎数达100万以上的旺苗，由于分蘖太多、叶色深绿、叶片肥大、返青肥应以磷、钾肥为主，不要再追氮肥。每亩施过磷酸钙15千克、草木灰50～100千克或钾肥10千克左右，对壮秆防倒伏有好处。对于冬前每亩总茎数已达70万～100万的壮苗，应以巩固冬前分蘖为主，适当控制春季分蘖，以减少无效分蘖。追肥可在2月底至3月初，每亩施碳酸氢铵7.5～10千克。对保水保肥力强的稻茬麦，可适当早施；保水保肥力差的沙壤土或砂姜黑土，可适当晚施。麦田偏弱苗时，可酌情施"偏心"肥。对于冬前分蘖不足的弱苗，应重施返青肥，每亩可施碳酸氢铵15～20千克，施用方法最好开沟深施，施后覆土。对于缺磷的麦田，可每亩施10～15千克过磷酸钙，磷肥因不易移动不能撒施地表，必须开沟施在根系附近。

小麦从拔节到抽穗是生长发育最旺盛的时期，吸肥量大，需肥最多，满足这一时期的养分供应，是小麦高产的关键。拔节、孕穗肥应该看苗巧施。对于生长不良的弱苗，群体偏小，每亩总茎蘖数不足30万，应早施拔节肥，提高分蘖成穗率，力争穗多、穗大。追肥量可占总施肥量的10%～15%。每亩可用尿素3～4千克沟施或穴施。对于生长健壮的麦苗，由于群体适宜，穗数一般有保证，主要应攻大穗。因此，拔节期间应适当控制肥水，防止倒伏，待叶色自然褪淡，第一节间定长，第二节间迅速伸长时，再水、肥同施，保花增粒，延长上部叶片功能期，又不至于使第一、第二节间过长。对于群体大，叶面积过大，叶色浓绿，叶宽大、下垂的旺苗，有倒伏危险，主要应控制水、肥，抑制后生分蘖，如有条件可以喷施矮壮素，矮化植株，壮秆防倒伏。

# 第四节　谷　子

谷子是起源于我国的古老作物，具有抗旱、耐瘠、生育期短的特点。在20世纪60年代，我国谷子处于农作物播种面积的首要地位。在 70 年代后谷子播种面积逐渐减少。现在在旱情不断发展、水资源短缺、全球饥饿问题严重的现实背景下，谷子的生产和消费逐渐有了新的发展。同时，谷子含有丰富的蛋白质、叶酸、维生素 E、类胡萝卜素等，作为营养均衡和环境友好型的作物，谷子又受到广泛重视。

## 一、谷子的需肥规律

谷子在不同生育期对氮、磷、钾吸收量不同，在拔节期至抽穗期，谷子对氮素吸收率最大，为全生育期的 60% ~ 80%。其次是开花至灌浆期。出苗到拔节，吸收的氮占整个生育期需氮量的 4% ~ 6%；拔节到抽穗期，吸收的氮占整个生育期需氮量的 45% ~ 50%；籽粒灌浆期，吸收的氮占整个生育期需氮量的 30%。幼苗期吸钾量较少，拔节到抽穗前是吸钾高峰，抽穗前吸钾占整个生育期吸钾量的 50.7%，抽穗后又逐渐减少。

低产谷子和高产谷子在抽穗前吸氮量分别占总吸收量的 76.5% 和 63.5%，低产田在生育前期吸氮量较大，在孕穗期吸磷强度较大；中高产田在生育后期对磷吸收量较大。谷子对钾的吸收最大积累强度在拔节期至抽穗期最大，约占生育期吸收总量的 50.7%。

每生产 100 千克谷子，一般需吸收氮（N）2.70 ~ 3.10 千克，磷（$P_2O_5$）1.15 ~ 1.35 千克，钾（$K_2O$）3.40 ~ 3.70 千克，$N : P_2O_5 : K_2O$ 的比例为 1 :（0.55 ~ 0.65）:（0.30 ~ 0.40）为宜。

## 二、谷子的配方施肥技术

### （一）谷子的施肥用量

谷子具有耐寒、耐瘠的特点，对肥料较为敏感，因此，施肥对谷子增产效果明显（表 3 - 2，表 3 - 3）。夏谷需求的养分低于春谷。

**表 3 – 2　基于土壤有机质水平的春谷施氮推荐量（纯 N）**

单位：千克/亩

| 目标产量<br>（千克/亩） | 土壤有机质含量（克/千克） | | | |
| --- | --- | --- | --- | --- |
| | < 10 | 10 ~ 15 | 15 ~ 20 | > 20 |
| 200 | 7 | 5 | 4 | 0 |
| 300 | 9 | 7 | 6 | 3 |
| 400 | 14 | 12 | 7 | 4 |

**表 3 – 3　基于土壤速效磷分级的春谷施磷推荐量（$P_2O_5$）**

单位：千克/亩

| 目标产量<br>（千克/亩） | 土壤速效磷含量（毫克/升） | | | | |
| --- | --- | --- | --- | --- | --- |
| | 0 ~ 5 | 5 ~ 10 | 10 ~ 20 | 20 ~ 40 | > 40 |
| 200 | 90 | 60 | 30 | 0 | 0 |
| 300 | 110 | 80 | 50 | 0 | 0 |
| 400 | 120 | 90 | 60 | 30 | 0 |

谷子一般情况下产量相对较低，在配方方案中氮磷比例较为接近（表 3 – 4）。

**表 3 – 4　谷子配方施肥中氮、磷、钾用量与比例**

| 配方号 | 养分总用量<br>（千克/亩） | 纯养分用量（千克/亩） | | | 比例 |
| --- | --- | --- | --- | --- | --- |
| | | N | $P_2O_5$ | $K_2O$ | |
| 1 | 10. 0 | 5. 0 | 5. 0 | 0. 0 | 1 : 1 : 0 |
| 2 | 12. 0 | 5. 0 | 7. 0 | 0. 0 | 1 : 1.4 : 0 |
| 3 | 12. 0 | 6. 0 | 6. 0 | 0. 0 | 1 : 1 : 0 |

（续表）

| 配方号 | 养分总用量<br>（千克/亩） | 纯养分用量（千克/亩） | | | 比例 |
|---|---|---|---|---|---|
| | | N | $P_2O_5$ | $K_2O$ | |
| 4 | 12.0 | 8.0 | 4.0 | 0.0 | 1 : 0.5 : 0 |
| 5 | 14.0 | 8.0 | 6.0 | 0.0 | 1 : 0.75 : 0 |
| 6 | 11.5 | 8.0 | 3.5 | 0.0 | 1 : 0.44 : 0 |
| 7 | 15.0 | 8.0 | 7.0 | 0.0 | 1 : 0.88 : 0 |
| 8 | 14.0 | 7.0 | 7.0 | 0.0 | 1 : 1 : 0 |
| 9 | 16.0 | 9.0 | 7.0 | 0.0 | 1 : 0.78 : 0 |
| 10 | 16.0 | 10.0 | 6.0 | 0.0 | 1 : 0.6 : 0 |
| 11 | 13.5 | 6.5 | 7.0 | 0.0 | 1 : 1.08 : 0 |
| 12 | 11.0 | 7.0 | 4.0 | 0.0 | 1 : 0.57 : 0 |
| 13 | 12.0 | 7.0 | 5.0 | 0.0 | 1 : 0.71 : 0 |
| 14 | 13.0 | 7.0 | 6.0 | 0.0 | 1 : 0.86 : 0 |

**（二）谷子的配方施肥技术**

谷子的施肥包括基肥、种肥和追肥。

1. 种肥

氮肥作种肥施用时用量不宜过多，每亩硫酸铵 2.5 千克或尿素 0.75 ~ 1.0 千克。如农家肥和磷肥做种肥，增产效果也好。

2. 基肥

谷子多在旱地种植，施用有机肥做基肥，应在耕地时一次施入。一般有机肥用量 1 000 ~ 2 000 千克/亩，过磷酸钙 40 ~ 50 千克。

3. 追肥

追肥增产作用最大的时期是抽穗前 15 ~ 20 天的孕穗期，一般施纯氮 5 千克/亩为宜。氮肥较多时，分别在拔节期追施"坐胎肥"，孕穗期追施"攻粒肥"。在谷子生育后期，叶面喷施磷酸二氢钾和微肥，可促进开花结实和籽粒灌浆。

### 三、谷子的配方施肥案例

以甘肃省会宁县谷子配方施肥为例，介绍如下。

1. 种植地概况

试验田土壤类型为黑垆土，肥力中等，地力均匀，含有机质 26.85 克/千克，碱解氮 84.5 毫克/千克，有效磷 37.6 毫克/千克，速效钾 277.9 毫克/千克，前茬作物为小麦。

2. 品种与肥料

选择当地地方品种良谷，供试氮肥为尿素（含 N46%），由中国石油兰州化学工业公司生产；磷肥为普通过磷酸钙（含 $P_2O_5$ 12%），由白银虎豹磷肥厂生产；钾肥为硫酸钾（含 $K_2O$ 33%），由白银丰宝农化科技有限公司生产。

3. 施肥方案及经济效益

按氮肥（N）4.62 元/千克、磷肥（$P_2O_5$）6.5 元/千克、钾肥（$K_2O$）6.1 元/千克、谷子 2.00 元/千克计算。

获得最大效益时施 N 24.9 千克/公顷（1.66 千克/亩）、$P_2O_5$ 42.8 千克/公顷（2.85 千克/亩）、$K_2O$ 62.3 千克/公顷（4.15 千克/亩），此时产量为 6 271.2 千克/公顷（418 千克/亩），N：$P_2O_5$：$K_2O$ 为 1：1.72：2.5；获得最高产量时施 N 30.8 千克/公顷（2.05 千克/亩）、$P_2O_5$ 44.1 千克/公顷（2.94 千克/亩）、$K_2O$ 67 千克/公顷（4.47 千克/亩），此时产量可达 6 287.6 千克/公顷（419 千克/亩）。

## 第五节　荞　麦

荞麦作为一种传统作物在全世界广泛种植，但在粮食作物中的比重很小。中国的荞麦种植面积和产量均居世界第二位，过去主要作为救灾补种、高寒作物对待，耕作粗放，产量低，产销脱节，商品率很低，加之农业生产的发展和高产作物的推广，播种面积逐年减少。近年来，农业、医学及食品营养学等方面的研究表明，荞麦特别是苦荞麦，其营养价值居所有粮食作物之首，籽粒蛋白质、脂肪、维生素、微量元素普遍高于大米、小麦和玉米。不仅营养成分丰富、营养价值高，而且含有其他粮食作物所缺乏的特种微量元素及药用成分，其籽粒、茎叶含有丰富的生物类黄酮芦丁、槲皮素等，具有扩张冠状血管和降低血管脆性、止咳平喘祛痰等防病、治病作用。对现代"文明病"及几乎所有中老年心脑血管疾病都有预防和治疗功能，因而受到各国的重视。在现代农业中，荞麦作为特种医用作物，对于发展中西部地方特色农业和帮助贫困地区农民脱贫致富有着特殊的作用，在区域经济发展中占有重要地位。

## 一、荞麦的需肥规律

荞麦对养分的要求，一般以吸收磷、钾较多。施用磷、钾肥对提高荞麦产量有显著效果；氮肥过多，营养生长旺盛，"头重脚轻"，后期容易引起倒伏。荞麦对土壤的要求不太严格，只要气候适宜，任何土壤，包括不适于其他禾谷类作物生长的瘠薄、带酸性或新垦地都可以种植，但以排水良好的沙质土壤为最适合。酸性较重的和碱性较重的土壤改良后可以种植。

据研究，每生产 100 千克荞麦籽粒，需要从土壤中吸收纯氮 4.01 ~ 4.06 千克，磷 1.66 ~ 2.22 千克，钾 5.21 ~ 8.18 千克，吸收比例为 1∶(0.41 ~ 0.45)∶(1.3 ~ 2.02)。

## 二、荞麦的配方施肥技术

### （一）荞麦的施肥量

荞麦是一种需肥较多的作物。要获得高产，必须供给充足的肥料。其吸收氮、磷、钾的比例和数量与土壤质地、栽培条件、气候特点及收获时间有关。对于干旱瘠薄地和高寒山地，增施肥料，特别是增施氮、磷肥，它们是荞麦丰产的基础。荞麦施肥应掌握"基肥为主，种肥为辅，追肥进补""有机肥为主，无机肥为辅""氮、磷配合"的原则。

**（二）荞麦的配方施肥技术**

合理的施肥是荞麦丰收的保障。施肥的基本原则是基肥为主、种肥为辅、追肥为补，有机肥为主、无机肥为辅。施用量应根据地力基础、产量指标、肥料质量、种植密度、品种和当地气候特点科学掌握。

1. 基肥

基肥是荞麦的主要肥料，一般应占总施肥量的50% ~60%。充足的优质基肥，是荞麦高产的基础。基肥一般以有机肥为主，也可配合施用基肥无机肥。一般每亩施充分腐熟的农家肥2 000 ~3 000千克。通常是每亩800 ~1 000千克农家肥配合过磷酸钙40 ~50千克、尿素10 ~15千克、硫酸钾20 ~30千克作为基肥，在播前整地深耕时一次施入。荞麦田基肥施用有秋施、早春施和播前施。秋施在前作收获后，结合秋深耕施基肥，它可以促进肥料熟化分解，能蓄水，培肥，高产，效果最好。

2. 种肥

栽培荞麦以每亩施30千克磷肥做种肥定为荞麦高产的主要技术指标。常用作种肥的无机肥料有过磷酸钙、钙镁磷肥、磷酸二铵、硝酸铵和尿素等。过磷酸钙、钙镁磷肥或磷酸二铵做种肥，每亩用量3.3 ~5.3千克，一般可与荞麦种子搅拌混合使用；硝酸铵和尿素做种肥时一般不能与种子直接接触，避免"烧苗"现象发生，所以要远离种子5 ~10厘米，用量1.3 ~2千克。

3. 追肥

地力差，基肥和种肥不足的，出苗后20 ~25天，封垄前必须追肥；苗情长势健壮的可不追或少追；弱苗应早追苗肥。追肥一般宜用尿素等速效氮肥，用量不宜过多，每亩以5 ~8千克为宜。无灌溉条件的地方追肥要选择在阴雨天气进行。此外，在有条件的地方，用硼、锰、锌、钼、铜等微量元素肥料作根外追肥，也有增产效果。"促蕾肥"一般看苗每亩追施尿素3 ~

6千克。开花期是荞麦需要养分最多的时期，对生长较一般的应注意及时供给尿素等速效氮肥，以提高健花率和结实率。"促花肥"一般看苗每亩可追施尿素3~6千克。施肥最好选择阴天或早晚进行。另外，对中后期肥力不足或表现脱肥的，可配合施用1~2次叶面喷肥，一般每亩可用0.2%的磷酸二氢钾溶液50千克均匀喷遍茎叶。

**三、荞麦的配方施肥案例**

以甘肃省定西县荞麦配方施肥为例，介绍如下。

1. 种植地概况

试验田土壤类型为黄绵土，质地为中壤，肥力均匀，含有机质13.1克/千克，碱解氮15.4毫克/千克，有效磷21.3毫克/千克，速效钾202毫克/千克，pH值为8.1，前茬作物马铃薯。

2. 品种与肥料

选择当地地方品种定甜荞1号，供试氮肥为尿素（含N 46%），磷肥为普通过磷酸钙（含$P_2O_5$ 16%），钾肥为硫酸钾（含$K_2O$ 50%）。

3. 施肥方案

按氮肥（N）2.00元/千克、磷肥（$P_2O_5$）0.8元/千克、钾肥（$K_2O$）6.1元/千克、荞麦2.40元/千克计算。

产量高于3 000千克/公顷的施肥方案：施氮量152.5~180.8千克/公顷（10.2~12.1千克/亩），施磷量139.1~172.0千克/公顷（9.27~11.5千克/亩），施钾量91.6~133.4千克/公顷（6.1~8.9千克/亩）；纯收益大于2 250元/公顷的施肥方案：施氮量156.5~191.5千克/公顷（10.4~12.7千克/亩），施磷量76.3~148.7千克/公顷（5.1~9.9千克/亩），施钟量2.9~20.2千克/公顷（0.2~1.3千克/亩）。

# 第六节 高 粱

高粱是世界上的一种重要粮食作物，随着人们生活水平提高和对健康的追求，对粗粮的需求越来越高，高粱除了作为粗粮，在酿酒和饲料上也具有广泛的用途。我国高粱的分布主要有 4 个栽培区，以黄河中下游地区和东北地区最为集中。现如今全国种植面积约为 $9.0 \times 10^5$ 公顷，总产量占全世界的 6.7%；单产平均为 267 千克/亩，我国高粱平均单产比发达国家低 20.1% ~ 37.3%，具有较大的增产潜力。

## 一、高粱的需肥规律

高粱在各生育阶段需肥量不同，从出苗到拔节，吸收的氮占总生育期需氮量的 12.4%、磷占总生育期需磷量的 6.5%、钾占总生育期需钾量的 7.5%；拔节到开花期，吸收的氮占 62.5%、磷占 2.9%、钾占 65.4%；开花到成熟期，吸收的氮占 25.1%、磷占 40.6%、钾占 27.1%。

据研究，每生产 100 千克高粱需吸收氮（N）2 ~ 4 千克、磷（$P_2O_5$）1.5 ~ 2 千克、钾（$K_2O$）3 ~ 4 千克，N：$P_2O_5$：$K_2O$ 为 1：0.5：1.2。

## 二、高粱的配方施肥技术

### （一）高粱的施肥用量

高粱植株高大，根系发达，吸肥力强。一般高粱产量为 6 000 ~ 7 500 千克/公顷（400 ~ 500 千克/亩），需要施用 450 千克复合肥、375 千克尿素、3 000 ~ 4 000 千克有机肥；高粱产量 7 500 ~ 9 000 千克/公顷（500 ~ 600 千克/亩），需要施用 600 千克复合肥、450 千克尿素、4 000 ~ 5 000 千克有机肥。

表 3 – 5　高粱配方施肥中氮、磷、钾用量与比例

| 配方号 | 养分总用量（千克/亩） | 纯养分用量（千克/亩） | | | 比例（N：P：K） |
|---|---|---|---|---|---|
| | | N | $P_2O_5$ | $K_2O$ | |
| 1 | 10.0 | 5.0 | 5.0 | 0.0 | 1：1：0 |
| 2 | 12.0 | 5.0 | 7.0 | 0.0 | 1：1.4：0 |
| 3 | 12.0 | 6.0 | 6.0 | 0.0 | 1：1：0 |

（续表）

| 配方号 | 养分总用量<br>（千克/亩） | 纯养分用量（千克/亩） | | | 比例<br>（N：P：K） |
|---|---|---|---|---|---|
| | | N | $P_2O_5$ | $K_2O$ | |
| 4 | 12.0 | 8.0 | 4.0 | 0.0 | 1：0.5：0 |
| 5 | 14.0 | 8.0 | 6.0 | 0.0 | 1：0.75：0 |
| 6 | 11.5 | 8.0 | 3.5 | 0.0 | 1：0.44：0 |
| 7 | 15.0 | 8.0 | 7.0 | 0.0 | 1：0.88：0 |
| 8 | 14.0 | 7.0 | 7.0 | 0.0 | 1：1：0 |
| 9 | 16.0 | 9.0 | 7.0 | 0.0 | 1：0.78：0 |
| 10 | 16.0 | 10.0 | 6.0 | 0.0 | 1：0.6：0 |
| 11 | 13.5 | 6.5 | 7.0 | 0.0 | 1：1.08：0 |

高粱施肥适当提高磷肥比例，可按以上配方方案（表3-5）选择。

**（二）高粱的配方施肥技术**

高粱对土壤适应性广，吸肥力强，在有机质丰富、肥力较高的沙质壤土上种植，较易获高产。施肥以重施底肥（约占全部用肥量的70%）、早施追肥（约占全部用肥量的20%）、拔节前施完所有肥料。

1. 种肥

播种时亩施有机肥1 500千克或少量氮素化肥做种肥，有利全苗壮苗，提高产量。每公顷一般施用尿素18~38千克。

2. 基肥

基肥的施用量一般为2 000~2 500千克/亩有机肥，肥力低的缺磷地块，应配合施入过磷酸钙20~33千克，钾肥10~20千克等做基肥。基肥施用有撒施和条施两种方法，撒施多在播前结合耕耙田地，撒施基肥。条施则在播种前后起垄开沟施用。撒施基肥后要深耕整地，蓄水保墒。

3. 追肥

追肥时期主要是拔节期和孕穗期，一般以拔节期追肥效果更好。追肥量一般 5～10 千克/亩尿素。如生育期长，需肥量大或后期易脱肥的地块，可分 2 次施用，应掌握"前重后轻"的原则，即拔节肥占追肥量的 2/3，剩下的 1/3 在孕穗期追施，可采取根外追肥。

### 三、高粱的配方施肥案例

以甘肃省武威市凉州区高粱配方施肥为例，介绍如下。

1. 种植地概况

试验田土壤类型为黄绵土，质地为中壤，肥力均匀，含有机质 13.1 克/千克，碱解氮 154 毫克/千克，有效磷 21.3 毫克/千克，速效钾 202 毫克/千克，pH 值为 8.1，前茬作物马铃薯。

2. 品种与肥料

选择当地地方品种饲用型甜高粱 BJ0603，供试氮肥为尿素（含 N46.4%），甘肃刘化（集团）有限责任公司生产；普通过磷酸钙（含 $P_2O_5$ 16%），云南金星化工有限公司生产；硫酸钾（含 $K_2O$ 33%），山西钾肥有限责任公司生产。供试地膜幅宽 140 厘米、厚 0.008 毫米。

3. 施肥方案

按氮肥（N）4.9 元/千克、磷肥（$P_2O_5$）7.5 元/千克、钾肥（$K_2O$）8 元/千克、高粱 0.26 元/千克计算如下。

最高产量为 132.96 吨/公顷（8.86 吨/亩）的最佳施肥量施肥方案：施氮量 562.5 千克/公顷（37.5 千克/亩），施磷量 150 千克/公顷（10 千克/亩），施钾量 120 千克/公顷（8 千克/亩）；最高产量为 133.48 吨/公顷（9.01 千克/亩）的最大施肥量施肥方案：施氮量 613.2 千克/公顷（40.9 千克/亩），施磷量 153.9 千克/公顷（10.3 千克/亩），施钾量 133.8 千克/公顷（8.9 千克/亩）。

# 第四章 主要经济作物测土配方施肥实用技术

## 第一节 棉 花

### 一、棉花养分吸收规律

棉花是一种生长周期长的纤维作物，在国民经济中占有重要地位。棉花生育期一般为145～175天，根据生育时期的形态指标，可以将棉花的一生分为苗期、蕾期、花铃期和吐絮期4个主要时期。其中，现蕾以前为营养生长阶段，现蕾以后至开花以前进入营养生长与生殖生长同时进行阶段，开花以后至吐絮阶段以增蕾、开花和结铃为主。但在盛花期以前营养生长和生殖生长并进，且均明显加快，是两旺时期，至盛花期营养生长达到高峰。盛花期后营养生长则逐渐减弱，生殖生长占绝对优势，棉铃生长成为营养转运中心。棉花一生中生长发育的特点是营养生长与生殖生长同时进行时间长，两者既相互依存又有矛盾，因而营养器官和生殖器官合理均衡的生长与发育是获得高产的关键。

棉花需要养分较多，一般来说，每生产100千克皮棉，需要从土壤中吸取纯氮12～15千克、五氧化二磷5～6千克、氧化钾12～15千克。根据已有研究，棉花苗期吸收养分较少，占一生养分吸收量的1%左右。到现蕾时吸收养分占3%左右，现蕾至开花期占27%，开花至成铃后期吸收养分占60%左右。这个时期棉株的茎、枝和叶都长到最大，同时大量开花结铃，积累的干物质最多，对养分的吸收急剧增加。因此，花铃期是施肥的关键时期。进入吐絮期后，吸收的养分占总吸收量的9%左右。不同地区、不同产量水平的棉花每生产 100 千克皮棉所需氮、磷、钾的数量和比例均有不同，总的趋势是随产量水平提高需要氮、磷量比例减少，需钾量比例增加。产量越高，单位产量的养分吸收量越低，养分的利用效率越高。

## 二、棉花施肥技术

### （一）棉花肥料总量控制和基肥与追肥的分配原则

合理的施肥首先要确定施肥总量，在确定了氮肥总量的前提下，就要考虑如何将肥料合理地分配为基肥和追肥。根据棉花生长育和营养规律，蕾期、花铃期和铃期是棉花养分需求量最大的时期，80%以上的养分都是在这三个生育阶段吸收的。因此，这三个生育阶段也是施肥调控的最为关键的时期。在棉花施肥中，要因地制宜地掌握施足基肥、施用种肥、轻施苗肥、稳施蕾肥、重施桃（花铃）肥和补施秋（盖顶）肥等环节。

### （二）根据土壤肥力水平和目标产量确定施肥量

根据测土配方施肥原理，棉花施肥要考虑土壤养分状况和区域生产状况。表 4 - 1 和表 4 - 2 是西北棉区的土壤肥力丰缺指标及根据目标产量确定的相应施肥量。表 4 - 3 是长江流域棉区根据土壤肥力分级和目标产量确定的肥料推荐量。

表 4 - 1　西北棉区土壤养分丰缺指标

| 项　目 | 肥力等级 | | | |
| --- | --- | --- | --- | --- |
| | 极低 | 低 | 中 | 高 |
| 有机质（克/千克） | <8 | 8 ~ 15 | 15 ~ 18 | >18 |
| 速效氮（N，毫克/千克） | <16 | 16 ~ 40 | 40 ~ 90 | >90 |
| 速效磷（$P_2O_5$，毫克/千克） | <7 | 7 ~ 13 | 13 ~ 30 | >30 |
| 速效钾（$K_2O$，毫克/千克） | <90 | 90 ~ 160 | 160 ~ 250 | >250 |

**表4-2 西北棉区根据目标产量确定的施肥量**

(千克/亩)

| 肥力等级 | 目标产量 | 推荐施肥量 | | |
|---|---|---|---|---|
| | | 氮（N） | 磷（P$_2$O$_5$） | 钾（K$_2$O） |
| 低肥力 | 120 | 14 | 9 | 2 |
| 中肥力 | 150 | 18 | 12 | 3 |
| 高肥力 | 180 | 22 | 15 | 4 |

**表4-3 长江流域棉区根据土壤肥力分级和目标产量确定化肥推荐量**

(千克/亩)

| 肥力等级 | 目标产量 | 推荐施肥量 | | | | | |
|---|---|---|---|---|---|---|---|
| | | 氮（N） | | 磷（P$_2$O$_5$） | | 钾（K$_2$O） | |
| | | 总量 | 基施 | 总量 | 基施 | 总量 | 基施 |
| 低肥力 | 80 | 16 | 5 | 5 | 3 | 9 | 6 |
| 中肥力 | 100 | 19 | 8 | 6 | 4 | 12 | 6 |
| 高肥力 | 120 | 21 | 10 | 7 | 6 | 15 | 8 |

### （三）基肥和追肥施用方法

通常棉花的氮肥需要根据需肥规律分次施入，磷、钾肥全部作为基肥施入为宜，但对长江流域棉区，钾肥以基肥和追肥各半施用效果更好。

从既遵循棉花营养规律，又具备田间可操作性的角度出发，基肥在总施氮量中的比例应当低于追肥所占的比例；追肥应当在蕾期、花铃期进行。花铃期以后，棉田封行，无法机械施肥，如果使用人工施肥也可以考虑追施第三次氮肥。例如，西北棉区基肥与追肥的分配比例以30%~40%作为基肥、60%~70%作为追肥为宜。追肥在浇头水和二水前施用。其中，蕾期追肥量为总追肥量的40%，花铃期追肥量为总追肥量的60%。

磷肥以做基肥全层施用为好，即在播种前或移栽前将磷肥撒在地面，翻耕耙耱，可使磷肥均匀地分布于全耕作层土壤中，这样根系与磷肥接触面大，磷肥利用率高。为了减少土壤对磷肥的固定，磷肥最好与有机肥堆沤或混合后全层施用。

钾肥以做基肥为好，但对于长江流域棉区，基肥和追肥可以各半施用。我国南方土壤普遍缺钾，要重视施用钾肥。北方土壤缺钾较少，但近年来北方一些棉田施钾也有明显效果，也要注意施用钾肥。

对于同一生态区域，一般来说，作物的目标产量基本接近，肥料推荐用量应根据土壤的养分含量进行调整。由于肥料用量的变化，常带来施肥时的基肥及追肥比例发生相应的变化。

**（四）微量元素肥料施用**

我国很多省份的棉区缺少中量、微量元素，尤其是硼、锌等微量元素。棉田土壤有效硼、锌的临界值如表4-4所示。

表4-4　棉田土壤有效硼、有效锌含量分级指标

| 微量元素名称 | 微量元素等级 | | |
|---|---|---|---|
| | 低 | 中 | 高 |
| 有效硼（毫克/千克） | <0.4 | 0.4~0.8 | >0.8 |
| 有效锌（毫克/千克） | <0.7 | 0.7~1.5 | >1.5 |

中量、微量元素施肥原则应为"因缺补缺"。可以通过经验、土壤测试或田间缺素试验确定一定区域中量、微量元素土壤缺乏程度，并制订补充元素计划。一般微量元素最高不得超过每亩2千克。

硼肥的施用，当土壤有效硼为<0.4~0.8毫克/千克时，每亩用硼砂0.4~0.8千克作为苗期土壤追施，花铃期以0.02千克硼砂喷施较好。如果土壤有效硼含量的提高以硼砂喷施较好的话，那么以蕾期、初花期、花铃期连续喷0.2%硼砂3次为最好，每次每亩用水量为50~80升。

在缺锌土壤中（土壤有效锌<0.7~1.5毫克/千克），每亩用硫酸锌1~2千克。如果已施锌肥做基肥，一般可以不再追施锌肥；如果未施锌肥做基肥，可在苗期至花铃期连续喷2~3次0.2%硫酸锌液进行根外追肥。两次喷施锌肥之间相隔7~10天。

### 三、棉花施肥案例

#### （一）施足底肥，全层施肥

棉花是深根作物，生长期长，生长量大，对土壤肥力要求高，施足基肥是棉花高产的基础，应每亩施有机肥3~5吨。在棉苗移栽前半个月左右，每亩施碳铵40~50千克（或尿素15~18千克），磷肥45~60千克，钾肥15~20千克，硼砂0.5千克。对缺锌地块，可每亩施硫酸锌1~2千克，配合有机肥撒施。

#### （二）稳施苗、蕾肥

棉花苗期至现蕾期对养分需要量不大，氮仅占吸氮总量的4.5%、磷占3%~3.4%、钾占3.7%~4%。在施足底肥的情况下，苗期一般不再追肥。现蕾期已进入营养生长和生殖生长的并行阶段，既要搭好丰产的架子，又要防止棉花徒长，本期追肥以稳为妥。

#### （三）重施花铃肥

棉株开花后，营养生长和生殖生长都进入盛期，并逐渐转入以生殖生长为主的时期，茎、枝、叶面积都长到最大值，同时，又大量开花结铃，干物质积累量最大，持续的时间最长，养分需求量最大，是追肥的关键时期，必须重施。本期追肥以氮为主，适当补磷、补钾。

#### （四）补施盖顶肥

棉株谢花后，棉铃大量形成，为防止后期脱肥早衰，可叶面喷施0.5%~1%的磷酸二氢钾液，7~10天1次，连续3~4次。

# 第二节　油　菜

## 一、油菜养分吸收规律

油菜是需氮较多的作物。油菜吸收的氮素随着生育进程而不断向各器官分配，其分配的中心是各生育阶段的新生器官。氮肥对油菜的增产作用受到土壤氮与磷水平的影响，其增产效果随土壤碱解氮含量的增加而降低。油菜缺氮时新叶生长慢、叶片少、叶色淡，逐渐褪绿呈现紫色，茎下叶缘变红，严重的呈现焦枯状，出现淡红色叶脉；植株生长瘦弱，主茎矮、纤细，株型松散，角果数量少，开花较早且开花时间短，终花期提早。

油菜是对磷素营养非常敏感的作物，磷素可以促进油菜根系发育，增强抗寒、抗旱能力，并促进早熟，提高种子含油量。油菜体内的磷素与氮素一样总是向生命最活跃的部分运转分配，具有明显的顶端优势。油菜缺磷时，幼苗表现为子叶变小，颜色深暗，质厚竖起。真叶发生推迟，叶小，呈现较深紫红色，发叶数大量减少。抽薹后茎细枝少，株型瘦小。其中，发红发僵是田间油菜缺磷的形态特征，但需与寒潮过后出现的发红现象区别。

钾能增强光合作用，增强细胞液浓度，对提高油菜抗寒性有很好的效果；钾还能促进维管束的发育，增加厚角组织的强度，提高抗倒伏的能力。高产油菜对钾的需要量更大。

硼是油菜输导系统和受精作用中必不可少的微量元素。油菜需硼特别多，对缺硼敏感，为容易缺硼的作物之一。缺硼时，油菜表现的典型症状是花而不实，即进入花期后因花粉败育而不能受精结实，导致不断抽发次生分枝，继续不断开花，使花期大大延长。氮肥充足时，次生分枝更多，常形成特殊的扫帚状株型；叶片多数出现紫红色斑块即所谓"紫血瘢"，结荚零星稀少，有的甚至绝荚，成荚的所含籽粒数少、畸形。

油菜分甘蓝型和白菜型两大类，不同类型对氮、磷、钾的吸收比例不同,一般甘蓝型为 1∶0.42∶1.4,白菜型为 1∶0.44∶1.1。甘蓝型吸肥量一般比白菜型高 30% 以上,产量高50% 以上,且甘蓝型油菜需钾量明显比白菜型高。下面主要就甘蓝型油菜的需肥规律和施肥技术进行描述。甘蓝型油菜不同生育时期对氮、磷、钾的吸收有较大的差异,播种至苗期分别占总吸收量的 13.4%、6.4% 和 12.3%,苗期至抽薹期分别占总吸收量的 34.4%、28% 和 37.6%,抽薹期至初荚期分别占总吸收量的 27.2%、24.8% 和 28.9%,初荚期至成熟期分别占总吸收量的 25%、40.8% 和 21.2%。

## 二、油菜施肥技术

### (一) 不测土时根据目标产量的氮肥施用量及施用方法

根据目标产量进行氮肥用量推荐是目前确定油菜施肥量常用的方法,是一种结合专家和生产实际的推荐施肥方法。表4-5是根据油菜籽目标产量确定的氮肥推荐量及不同时期相应的施用比例。

表 4-5 根据油菜籽目标产量确定的氮肥推荐用量

(千克/亩)

| 油菜籽目标产量 | 氮肥推荐用量 | 氮肥施用方法 |
|---|---|---|
| <100 | 6~9 | 基肥 1/2,2 次追肥,平均施用 |
| 100~150 | 8~11 | 基肥 1/2,2 次追肥,平均施用 |
| 150~200 | 10~13 | 基肥和 2 次追肥,各 1/3 |
| 200~250 | 12~16 | 基肥 1/3,3 次追肥,平均施用 |
| >250 | 15~20 | 基肥和 3 次追肥,各 1/4 |

### (二) 根据土壤养分测定值和目标产量的养分管理

由于我国长江流域油菜多种植在水旱轮作的水稻土上,一般没有进行土壤硝态氮测试,但仍可根据对土壤状况的大致了解来估计土壤供氮能力(高、中、低),从而大致确定氮肥用量,高水平为作物氮素吸收的 0.6 倍,中水平为作物氮素吸收的 1 倍,低水平为作物氮素吸收的 1.2 倍。氮肥施用方法为基肥占全生育期氮肥施用总量的 1/2，两次追肥平均施用余下的氮肥。根据油菜籽目标产量和土壤供氮能力的氮肥推荐用量见表 4 - 6。

**表 4 - 6　根据油菜籽目标产量和土壤供氮能力的氮肥推荐用量**

（千克/亩）

| 油菜籽目标产量 | 氮肥推荐用量 | | |
|---|---|---|---|
| | 高肥力田块 | 中肥力田块 | 低肥力田块 |
| < 50 | < 2.5 | < 4.5 | < 5.5 |
| 50 ~ 100 | 2.5 ~ 4.5 | 4.5 ~ 8.0 | 5.5 ~ 9.0 |
| 100 ~ 150 | 4.5 ~ 6.0 | 7.0 ~ 10.0 | 9.0 ~ 12.0 |
| 150 ~ 200 | 6.0 ~ 8.0 | 10.0 ~ 13.0 | 12.0 ~ 16.0 |
| 200 ~ 250 | 8.0 ~ 11.0 | 13.5 ~ 18.0 | 15.0 ~ 21.0 |

对于磷管理，当土壤有效磷低于 5 毫克/千克时，磷素管理的目标是通过增施磷肥提高作物产量和快速培肥土壤，故磷肥用量应为作物吸收带走量的 2 倍；当土壤有效磷在 5 ~ 10 毫克/千克时，磷素管理的目标是通过增施磷肥提高作物产量和土壤有效磷含量，故磷肥用量应为作物吸收带走量的 1.5 倍；当土壤有效磷在 10 ~ 20 毫克/千克时，磷素管理的目标是维持现有土壤有效磷水平，故磷素用量应与作物吸收量相当；当土壤有效磷大于 20 毫克/千克时，施用磷肥的增产潜力不大，个别高产或超高产地区可以适量补充磷，一般地区则无须施磷肥。根据油菜籽目标产量和土壤供磷能力的磷肥推荐用量见表 4 - 7。

**表 4 - 7　根据油菜籽目标产量和土壤供磷能力的磷肥推荐用量**

（千克/亩）

| 油菜籽目标产量 | 磷肥推荐用量 | | | |
|---|---|---|---|---|
| | 土壤磷含量 < 5 毫克/千克 | 土壤磷含量 5 ~ 10 毫克/千克 | 土壤磷含量 10 ~ 20 毫克/千克 | 土壤磷含量 > 20 毫克/千克 |
| < 50 | 2.5 | 2.0 | 1.5 | 0 |

（续表）

| 油菜籽目标产量 | 磷肥推荐用量 | | | |
|---|---|---|---|---|
| | 土壤磷含量<br><5 毫克/千克 | 土壤磷含量<br>5 ~ 10<br>毫克/千克 | 土壤磷含量<br>10 ~ 20<br>毫克/千克 | 土壤磷含量<br>>20 毫克/千克 |
| 50 ~ 100 | 2.5 ~ 5.0 | 2.0 ~ 4.0 | 1.5 ~ 2.5 | 0 |
| 100 ~ 150 | 5.0 ~ 5.5 | 4.5 ~ 7.0 | 2.5 ~ 4.5 | 2.0 ~ 3.0 |
| 150 ~ 200 | 8.5 ~ 11.5 | 7.0 ~ 8.5 | 4.5 ~ 6.0 | 3.0 ~ 4.0 |
| 200 ~ 250 | 11.5 ~ 13.5 | 8.5 ~ 10.0 | 6.0 ~ 7.5 | 4.0 ~ 5.0 |

当土壤速效钾（醋酸铵浸提钾）低于 50 毫克/千克时，钾素管理的目标是通过增施钾肥提高作物产量和土壤有效钾含量，故钾肥用量应为作物吸收量的 1.2 倍；当土壤速效钾在 50 ~ 100 毫克/千克时，钾素管理的目标是维持现有土壤有效钾水平，故钾肥用量应与作物吸收量相当；当土壤速效钾在 100 ~ 130 毫克/千克时，钾素管理的目标是作为苗期钾素"起动肥"供油菜苗期生长需要，故钾肥用量为作物吸收量的 1/3 左右；当土壤交换性钾大于 130 毫克/千克时，施用钾肥的增产潜力不大，个别高产地区可以适量补充钾，一般地区则无须施钾肥。根据油菜籽目标产量和土壤供钾能力的钾肥推荐用量见表 4 - 8。

表 4 - 8　根据油菜籽目标产量和土壤供钾能力的钾肥推荐用量

（千克/亩）

| 油菜籽目标产量 | 钾肥推荐用量 | | | |
|---|---|---|---|---|
| | 土壤钾 <50<br>毫克/千克 | 50 ~ 100<br>毫克/千克 | 100 ~ 130<br>毫克/千克 | >130<br>毫克/千克 |
| <50 | 7.0 | 6.0 | 2.0 | 0 |
| 50 ~ 100 | 7.0 ~ 12.5 | 6.0 ~ 10.0 | 2.0 ~ 4.0 | 0 |
| 100 ~ 150 | 12.5 ~ 19.5 | 10.0 ~ 16.0 | 4.0 ~ 5.5 | 2.0 ~ 3.0 |
| 150 ~ 200 | 19.5 ~ 24.0 | 16.0 ~ 20.0 | 5.5 ~ 6.5 | 3.0 ~ 4.0 |
| 200 ~ 250 | 24.0 ~ 28.0 | 20.0 ~ 24.0 | 6.5 ~ 8.0 | 4.0 ~ 5.0 |

## （三）根据土壤养分丰缺指标和养分测定值的磷、钾养分管理

根据土壤养分丰缺指标和养分测定值确定的土壤速效磷、速效钾（醋酸铵浸提钾）测定值和磷肥、钾肥施用推荐量见表 4－9 和表 4－10。

**表 4－9　土壤磷测定值确定的磷肥施用推荐量**

| 土壤速效磷<br>（毫克/千克） | 土壤养分<br>丰缺状况 | 磷肥推荐<br>用量（千克/亩） | 磷肥施用方法 |
|---|---|---|---|
| <5 | 极缺 | 6.0～10.0 | 基肥撒施和穴施结合 |
| 5～10 | 较缺 | 5.0～6.5 | 基肥撒施和穴施结合 |
| 10～15 | 中度缺乏 | 3.0～5.0 | 基肥穴施（集中施肥） |
| 15～20 | 轻度缺乏 | 2.0～3.0 | 基肥穴施 |
| 20～25 | 合适 | 1.0～2.0 | 基肥穴施 |
| >25 | 丰富 | 1.0 | 基肥穴施 |

注：油菜籽目标产量为 150 千克/亩

**表 4－10　土壤速效钾（醋酸铵浸提钾）测定值和钾肥施用推荐量**

| 速效钾<br>（毫克/千克） | 土壤养分丰<br>缺状况 | 钾肥<br>推荐用量<br>（千克/亩） | 钾肥施用方法 |
|---|---|---|---|
| <50 | 极缺 | 9.0～12.0 | 基肥和 2 次追肥，各 1/3 |
| 50～75 | 较缺 | 6.0～9.0 | 基肥 1/2，2 次追肥平均施用 |
| 75～100 | 中度缺乏 | 4.0～6.0 | 基肥 1/2，2 次追肥平均施用 |
| 100～125 | 轻度缺乏 | 2.0～4.0 | 基肥 1 次施用 |
| 125～150 | 合适 | 1.0～3.0 | 基肥 1 次施用 |
| >150 | 丰富 | 1.0～2.0 | 基肥 1 次施用 |

注：油菜籽目标产量 150 千克/亩

## 三、油菜施肥案例

长江流域油菜主产区在油菜籽目标产量 150～200 千克/亩

时，每亩施肥总量为氮 9～12 千克、磷 4～6 千克、钾 6～10 千克。其中氮肥的 50%～60%、钾肥的 60% 和全部磷肥作为基肥在油菜苗移栽前施用，余下的氮肥和钾肥分 2 次分别在移栽后 50 天和 100 天左右平均施用。由于油菜对硼敏感，当硼肥作为基肥施用时每亩施用硼砂 0.5～1 千克。

**（一）油菜苗床施肥**

做好苗床施肥，首先要施足基肥。具体做法是每亩苗床在播种前施用腐熟的优质有机肥 200～300 千克、尿素 2 千克、过磷酸钙 5 千克、氯化钾 1 千克，将肥料与土壤（10～15 厘米厚）混匀后播种。结合间苗和定苗，追肥 1～2 次。追肥以人、畜粪尿为主，并注意肥、水结合，以保证壮苗移栽。在移栽前可喷施硼肥 1 次，浓度为 0.2%。

**（二）油菜移栽田施肥**

从油菜移栽到收获，每亩移栽田所需投入不同养分总量分别为：纯氮 9～12 千克，纯磷 4～6 千克，纯钾 6～10 千克，硼砂 0.5～1 千克（基施），七水硫酸锌（锌肥）2～3 千克。

市场上已有多种油菜专用肥出售，若准备购买专用肥，在施肥时可将不足部分用单质肥料补足，或者根据本技术资料提供的配方自制专用肥，可收到同等效果。

（1）基肥　在油菜移栽前 1 天或半天穴施基肥，施肥深度为 10～15 厘米。

基施氮肥占氮肥总用量的 2/3 左右，即每亩基施纯氮 6～8 千克，折合成碳酸氢铵为 35～47 千克，或折合成尿素为 13～17 千克。

磷肥全部做基施，折合成过磷酸钙为每亩 33～50 千克。

用做基肥的钾肥占钾肥总用量的 2/3 左右，即每亩施纯钾 4～6.7 千克，折合成氯化钾为 6.7～11 千克。

若不准备叶面喷施硼肥，每亩可基施硼砂 0.5～1 千克。

基肥施好后便可进行油菜苗移栽，移栽时注意不能直接将油菜栽在施肥穴上，油菜苗根系不要直接接触肥料，以免肥料浓度高而发生烧苗死苗现象。

（2）追肥　油菜追肥一般可分为2次。

第一次追肥在移栽后50天左右进行，即油菜苗进入越冬期前，此次追肥施用余下氮肥的1/2，追施氮肥种类宜用尿素，折合成尿素为3.2～4.3千克/亩。另外，追施剩余的全部钾肥，折合成氯化钾为3.3～5.5千克/亩。施肥方法为结合中耕进行土施，若不进行中耕，可在行间开10厘米深的小沟，将两种肥料混匀后施入，施肥后覆土。

第二次追肥在开春后薹期，撒施余下的氮肥，氮肥品种为尿素，折合施尿素3.2～4.3千克/亩。由于此时油菜已封行，操作不便，只能表面撒施，注意一定要撒匀。

（3）叶面追肥　若根据前面提供的施肥配方和技术进行施肥，油菜生长过程中基本上可以不再进行叶面施肥。若在施基肥时没有施用硼肥，则一定要进行叶面施硼。叶面喷施硼肥（一般为硼砂）的方法是：分3次分别在苗期、薹期和初花期结合打药喷施，浓度为0.2%，每亩用溶液量50升。

# 第三节　大　豆

## 一、大豆的营养特性

大豆对土壤要求并不严格，适宜pH值为6.5～7.5，不耐盐碱，有机质含量高能促进大豆高产。大豆根是直根系，根上有根瘤菌与根进行"共生固氮"作用，是氮素营养的一个重要来源。大豆不同生育阶段需肥量有差异。开花至鼓粒期是吸收养分最多的时期，开花前和鼓粒后吸收养分较少。大豆采用有机、无机肥料配施体系，以磷、氮、钾、钙和钼营养元素为主，以基肥为基础。基肥中以有机肥为主，适当配施化肥氮、磷、钾。一般大豆每亩施肥量为氮4千克和磷6～8千克、钾3～8千克，包括有机肥和无机肥中纯有效养分含量之和，其中氮包括基肥和追肥用量之和。

大豆是需肥较多的作物。据研究，每生产 100 千克大豆，需吸收纯氮 6.5 千克、磷 1.5 千克、钾 3.2 千克，三者比例大致为 4∶1∶2，比水稻、小麦、玉米等需肥都高。而根瘤菌只能固定氮素，且供给大豆的氮也仅占大豆需氮总量的 50% ~ 60%。固氮作用高峰集中于开花至鼓粒期，开花前和鼓粒后期固氮能力均较弱。因此，还必须施用一定数量的氮、磷和钾肥，才能满足其正常生长发育的需求。施用化肥氮过多时，根瘤数减少，固氮率降低，会增加大豆生产成本。一般认为，在特别缺氮的地方，早期施氮可促进幼苗迅速生长。大豆幼苗期是需氮关键时期。播种时施用少量的氮肥能促进幼苗的生长。

磷有促进根瘤发育的作用，能达到以磷增氮效果。磷在生育初期主要促进根系生长，在开花前磷促进茎叶分枝等营养体的生长。开花时磷充足供应，可缩短生殖器官的形成过程。磷不足时，落花落荚显著增加。钾能促进大豆幼苗生长，使茎秆坚韧不倒伏。

在酸性土壤上施用石灰，不仅供给大豆生长所必需的钙营养元素，而且可以校正土壤酸性。石灰提高土壤 pH 值对大豆生长的作用，往往高于增加营养的作用，使土壤环境有利于根瘤菌的活动，并增加土壤中其他营养元素（如钼）的有效性。另外，钙对大豆根瘤形成初期非常重要。土壤中钙增加，能使大豆根瘤数增多。但是，施用石灰也不可过多，一般每亩不要超过 30 千克。生产上施用过磷酸钙可以满足大豆对钙的需求。

大豆所需要的微量元素有铁、铜、锰、锌、硼和钼。在偏酸性的土壤上，除钼以外，这些元素都容易从土壤中吸收。有时土壤缺乏钼时，也会成为增加产量的限制因素。但钼可在土壤中积累，当土壤中钼含量过多时，对大豆生长也有毒害作用。

大豆缺氮先是真叶发黄，可从下向上黄化，在复叶上沿叶脉有平行的连续或不连续铁色斑块，褪绿从叶尖向基部扩展，以致全叶呈浅黄色，叶脉也失绿。叶小而薄、易脱落，茎细长。

缺磷根瘤少，茎细长，植株下部叶色深绿，叶厚、凹凸不平、狭长；缺磷严重时，叶脉黄褐色，后全叶呈黄色。缺钾叶片黄化，症状从下位叶向上位叶发展；叶缘开始产生失绿斑点，扩大成块，斑块相连，向叶中心蔓延，最后仅叶脉周围呈绿色。黄化叶难以恢复，叶薄、易脱落。

大豆缺钙叶黄化并有棕色小点，先从叶中部和叶尖开始，叶缘、叶脉仍为绿色；叶缘下垂、扭曲，叶小、狭长，叶端呈尖钩状。缺钼上位叶色浅，主、支脉色更浅，支脉间出现连片的黄斑，叶尖易失绿，后黄斑，颜色加深至浅棕色；有的叶片凹凸不平且扭曲，有的主叶脉中央出现白色线状。缺镁在大豆的三叶期即可显症，多发生在植株下部。叶小，叶有灰条斑，斑块外围色深。有的病叶反张、上卷，有时皱叶部位同时出现橙、绿两色相嵌斑或网状叶脉分割的橘红斑；个别植株中部叶脉红褐，成熟时变黑。叶缘、叶脉平整光滑。缺硫时，大豆的叶脉、叶肉均生米黄色大斑块，染病叶易脱落，迟熟。缺铁时叶柄、茎黄色，比缺铜时的黄色要深。分枝上的嫩叶也易发病。一般仅见主、支脉和叶尖为浅绿色。

大豆缺硼会在第4片复叶后开始发病，花期进入盛发期后新叶失绿，叶肉出现浓淡相间斑块，上位叶较下位叶色淡，叶小、厚、脆。缺硼严重时，顶部新叶皱缩或扭曲，上下反张，个别呈筒状，有时叶背局部呈现红褐色。发育受阻停滞，蕾期延后。主根短、根颈部膨大，根瘤小而少。缺锌大豆的下位叶有失绿特征或有枯斑，叶狭长、扭曲，叶色较浅。植株纤细，迟熟。

## 二、大豆的施肥技术

大豆生长发育分为苗期、分枝期、开花期、结荚期、鼓粒期和成熟期。全生育期90~130天。其吸肥规律为：①吸氮率。出苗和分枝期占全生育期吸氮总量的15%，分枝期至盛花期占16.4%，盛花期至结荚期占28.3%，鼓粒期占24%，鼓粒期至成熟期占16.3%。开花期至鼓粒期是大豆吸氮的高峰期。②吸磷率。苗期至初花期占 17%，初花期至鼓粒期占 70%，鼓粒期至成熟期占 13%。大豆生长中期对磷的需要最多。③吸钾率。开花期前累计吸钾量占 43%，开花至鼓粒期占 39.8%，鼓粒期至成熟期仍需吸收钾 17.2%。由上可见，开花至鼓粒期既是大豆干物质累积的高峰期，又是吸收氮、磷、钾养分的高峰期。

（1）基肥　施用有机肥是大豆增产的关键措施。在轮作地上可在前茬粮食作物上施用有机肥料，而大豆则利用其后效。有利于结瘤固氮，提高大豆产量。在低肥力土壤上种植大豆可以施加过磷酸钙、氯化钾各 10 千克做基肥，对大豆增产有好处。

（2）种肥　一般每亩用 10～15 千克过磷酸钙或 5 千克磷酸二铵做种肥，缺硼的土壤加硼砂 0.4～0.6 千克。由于大豆是双子叶作物，出苗时种子顶土困难，种肥最好施于种子下部或侧面，切勿使种子与肥料直接接触。此外，淮北等地有用 1%～2%钼酸铵拌种的，效果也很好。

（3）追肥　实践证明，在大豆幼苗期，根部尚未形成根瘤或根瘤活动弱时，适量施用氮肥可使植株生长健壮。在初花期酌情施用少量氮肥也是必要的。氮肥用量一般以每亩施尿素 7.5～10 千克为宜。另外，花期用 0.2%～0.3%磷酸二氢钾水溶液或每亩用 2～4 千克过磷酸钙水溶液 100 千克根外喷施，可增加籽粒含氮率，有明显增产作用。另据资料统计，花期喷施 0.1%的硼砂、硫酸铜、硫酸锰水溶液可促进籽粒饱满，增加大豆含油量。

# 第四节　花　生

## 一、花生的营养特性

花生的增产，除更换良种外，科学施肥可使产量增长 10%～30%。因此，对花生的需肥特性要明确三点：一是与其他作物共有的特性，既需大量元素，也需中量元素，还需微量元素。这些元素同等重要而且不可互相取代。二是花生与粮棉作物不同的是，它的根可着生根瘤菌制造一部分氮素肥料。三是对钙、镁、硫、钼、硼等元素十分敏感。所以，花生需要吸收的氮、磷、钾、钙、镁、硫等大量元素和铁、钼、硼等微量元素中，以氮、磷、钾、钙4种元素需要量较大，被称为花生营养的四大元素。

花生缺氮，导致营养生长缓慢，植株叶色黄、叶片小，荚果少且不饱满；缺磷，花生根须不发达、根瘤少，固氮能力下降，贪青迟熟；缺钾，叶片呈黄绿色，严重时植株顶部凋枯；缺硫，会减少果仁蛋白质含量；缺镁，叶绿素不能正常形成，严重的叶片白化，叶脉失绿；缺钼，减少根瘤和分枝数，并使叶绿素老化；缺硼，主茎和侧枝短粗，植株矮且呈丛生状，严重时生长点枯死。

花生是对铁元素比较敏感的作物之一。铁虽然不是叶绿素的成分，但它是合成叶绿素不可缺少的条件，是与呼吸有关的细胞色素氧化酶与过氧化酶的组成成分，参与植物体内氧化还原过程。正常情况下，土壤中铁的含量较高，一般不会发生缺铁现象。但由于我国北方土壤多为弱碱性，pH值较高，土壤中石灰质较多。夏季7—8月土壤石灰质饱和，使土壤中的氢氧根离子及磷酸根离子浓度增加，极易与土壤中的铁离子形成难以被作物根系吸收的氢氧化铁和磷酸盐沉淀，使土壤中的有效铁含量严重降低。另一方面，土壤中未被固定的有效铁，也会随着暴雨产生的径流流失或随土壤水分向下部淋失。而此时也是花生生长发育最旺盛的时期，花生植株根系因无法吸收到足量的铁，而形成生理性缺铁现象，产生缺铁性黄化症。

花生缺铁时，首先表现为上部嫩叶失绿，而下部老叶及叶脉仍保持绿色；严重缺铁时，叶脉失绿进而黄化，上部新叶全部变白，久之叶片出现褐斑坏死，干枯脱落。

与花生缺氮、缺锌等引起的失绿比较，花生缺铁症状的特点突出表现在叶片大小无明显改变，失绿黄化明显。而缺氮引起的失绿常使叶片变薄变小，植株矮小；缺锌使叶片小而簇生，出现黄白小叶症。鉴定植株是否为缺铁黄化症，可用0.1%硫酸亚铁溶液涂于叶片背面失绿处，若5~8天后转绿，可确认缺铁。

## 二、花生的施肥技术

花生的施肥要根据作物的需肥特点进行施肥。

### （一）花生施肥原则

（1）因土施肥　实践表明，肥力越差的田块，增施肥料后增产幅度越大；中等肥力的次之；肥沃的田块，增产效果不明显。因此，肥力差的田块要增施肥料。

（2）拌种肥　①将每亩用的花生种拌0.2千克花生根瘤菌剂，拌2.5~10克钼酸铵。②将每千克花生种拌施0.4~1克硼酸。③将每亩用的花生种先用米汤浸湿，然后拌石膏1~1.5千克。这3种方法，均可及时补充肥料，使花生苗苗壮生长。

（3）因苗施肥　花生所需氮、磷、钾的比例为1∶0.18∶0.48。苗期需肥较少，开花期需肥量占总需肥量的25%，结荚期需肥量占总需肥量的50%~60%。因此，在肥料施用上应做好以下3点：一是普施基肥，每亩施腐熟有机肥1 500千克左右、磷肥15~20千克、钾肥10千克左右，肥力差的田块再施尿素5千克；二是始花前，每亩施腐熟有机肥500~1 000千克、尿素4~5千克和过磷酸钙10千克，结合中耕施入；三是结荚期喷施0.2%~0.3%磷酸二氢钾和1%尿素溶液，能起到补磷增氮的作用。

### （二）花生施肥时期

花生不同生育期对养分的需求不一样。

（1）苗期　苗期根瘤开始形成，但固氮能力很弱，此期为氮素饥饿期，对氮素缺乏十分敏感。因此，未施基肥或基肥用量不足的花生应在此期追肥。

（2）开花下针期　此期植株生长较快，且植株大量开花并形成果针，对养分的需求量急剧增加。根瘤的固氮能力增强，能提供较多的氮素，此期对氮、磷、钾的吸收量达到高峰。

（3）结荚期　荚果所需的氮、磷元素可由根部、子房柄、子房同时供应，所需要的钙则主要依靠荚果自身吸收。因此，当结果层缺钙时，易出现空果和秕果。

（4）饱果成熟期　此期营养生长趋于停止，对养分的吸收减少，营养体养分逐渐向荚果中运转。由于此时期根系吸收功能下降，应加强根外追肥，以延长叶片功能期，提高饱果率。

## 第五节　马铃薯

### 一、存在问题与施肥原则

针对马铃薯生产中普遍存在的重施氮磷肥、轻施钾肥，重施化肥、轻施或不施有机肥的现状，提出以下施肥原则。

（1）增施有机肥。

（2）重施基肥，轻用种肥；基肥为主，追肥为辅。

（3）合理施用氮磷肥，适当增施钾肥。

（4）肥料施用应与高产优质栽培技术相结合。

### 二、施肥建议

#### （一）产量水平1 000千克以下

马铃薯产量在1 000千克/亩以下的地块，氮肥用量推荐为4~5千克/亩，磷肥3~5千克/亩，钾肥1~2千克/亩。每亩施农家肥1 000千克以上。

#### （二）产量水平1 000~1 500千克

马铃薯产量在1 000~1 500千克/亩的地块，氮肥用量推荐为5~7千克/亩，磷肥5~6千克/亩，钾肥2~3千克/亩。每亩施农家肥1 000千克以上。

#### （三）产量水平1 500~2 000千克

马铃薯产量在1 500~2 000千克/亩的地块，氮肥用量推荐为7~8千克/亩，磷肥6~7千克/亩，钾肥3~4千克/亩。每亩施农家肥1 000千克以上。

### （四）产量水平 2 000 千克以上

马铃薯产量在 2 000 千克/亩以上的地块，氮肥用量推荐为 8 ~ 10 千克/亩，磷肥 7 ~ 8 千克/亩，钾肥 4 ~ 5 千克/亩。每亩施农家肥 700 千克以上。

## 三、施肥方法

### （一）基肥

有机肥、钾肥、大部分磷肥和氮肥都应做基肥，磷肥最好和有机肥混合沤制后施用。基肥可以在秋季或春季结合耕地沟施或撒施。

### （二）种肥

马铃薯每亩用 3 千克尿素、5 千克普钙混合 100 千克有机肥，播种时条施或穴施于薯块旁，有较好的增产效果。

### （三）追肥

马铃薯一般在开花以前进行追肥，早熟品种应提前施用。开花以后不宜追施氮肥，以免造成茎叶徒长，影响养分向块茎的输送，造成减产。可根外喷洒磷钾肥。

# 第六节　烟　草

## 一、烟草的需肥规律

烤烟苗床阶段在十字期以前需肥较小，十字期以后需肥量逐渐增加，以移栽前 15 天内需肥量最多。这一时期吸收的氮量占苗床阶段烟草吸氮总量的 68.4%、五氧化二磷为 72.7%、氧化钾为 76.7%。大田阶段，在移栽后 30 天内吸收养分较少，此时吸收氮、磷、钾分别占全生育期吸收总量的 6.6%、5.0% 和 5.6%。大量吸肥的时期是在移栽后的 45 ~ 75 天，吸收高峰是在团棵、现蕾期，这一时期吸收氮为烟草吸氮总量的 44.1%、五氧化二磷为 50.7%、氧化钾为 59.2%。此后各种养分吸收量逐渐下降，打顶以后由于发生次生根，对养分吸收又有回升，为吸收总量的 14.5% 。但此时土壤含氮素过多，容易造成徒长，形成黑暴烟，不易烘烤。

对烤烟而言，每生产 1 000 千克烤烟叶，需纯氮（N）22 千克、磷（$P_2O_5$）11.6 千克、钾（$K_2O$）48 千克，N：$P_2O_5$：$K_2O$ 的比例约为 1：0.5：2。不同类型的烟草需要氮、磷、钾比例也不同，白肋烟吸收磷比例稍低、钾和钙的比例稍大，晒烟吸收磷较多。

据研究生产 100 千克烟草（干物质）需纯氮（N）2.3～2.6 千克、磷（$P_2O_5$）1.2～1.5 千克、钾（$K_2O$）4.8～6.4 千克，N：$P_2O_5$：$K_2O$ 的比例为 1：0.5：2。烟草对钾的需要远大于氮和磷。烟草不同栽培和不同生育期吸收养分是不同的。试验资料表明，烟草氮、磷、钾化肥适宜比例，北方地区，N：$P_2O_5$：$K_2O$ 为 1：1：1，南方地区为 1：0.75：1.5。钾是三要素中吸收量最多的元素，烤烟对氮、钾的吸收量比为 N：$K_2O$ 为 1：（1.5～2）。晒烟、白肋烟 N：$K_2O$ 为 1：（2～3）。烟株对磷的吸收量远较氮、钾少，但因磷肥的利用率低，因此，施肥量与氮相当或较高，北方烟田 N：$P_2O_5$ 为 1：（1～2），南方烟区由于土壤有效磷含量低，故 N：$P_2O_5$ 为 1：（1.5～2.5）。

## 二、烟草的配方施肥技术

### （一）烟草的施肥量

施肥量要根据烟叶的产量品质指标、土壤肥瘦、品种习性、水利和气候等因素，全面考虑，灵活掌握，以氮为主，配合磷、钾，在一般土壤肥力上要求烤烟品质达到中上等以上，每亩产烟叶 100～150 千克，需施纯氮 7.5 千克左右；每亩产 200～250 千克，需施纯氮 10～12.5 千克。其中农家肥料用量按氮量计算，应占施肥总氮量的 70% 以上，施用单一化肥不宜超过总氮量的 25%。氮素确定之后，便可根据比例，确定磷、钾肥的施用量。北方烟区氮、磷、钾比例以 1：1：1 为宜。基肥与追肥的比例，北方烟区由于雨量少，一般基肥占总施肥量的 70%～

80%。表4-11 烟草配方施肥中氮素用量水平属于中等偏下。各种植区域可根据烟草生长情况，进行施氮。钾对烟草的品质影响较大，配方中磷、钾比例相对较高。

表4-11　烟草配方施肥中氮、磷、钾用量与比例

| 配方号 | 养分总用量（千克/亩） | 纯养分用量（千克/亩） | | | 比例（N∶P∶K） |
|---|---|---|---|---|---|
| | | N | $P_2O_5$ | $K_2O$ | |
| 1 | 10.0 | 5.0 | 5.0 | 0.0 | 1∶1∶0 |
| 2 | 12.0 | 5.0 | 7.0 | 0.0 | 1∶1.4∶0 |
| 3 | 16.5 | 5.0 | 5.0 | 6.5 | 1∶1∶1.3 |
| 4 | 18.5 | 5.0 | 6.5 | 7.0 | 1∶1.3∶1.4 |
| 5 | 20.0 | 7.0 | 8.0 | 5.0 | 1∶1.14∶0.71 |
| 6 | 24.0 | 7.0 | 8.5 | 8.5 | 1∶1.21∶1.21 |
| 7 | 24.0 | 8.0 | 7.0 | 9.0 | 1∶0.88∶1.13 |
| 8 | 25.0 | 8.0 | 7.0 | 10.0 | 1∶0.88∶1.25 |
| 9 | 28.5 | 9.0 | 8.5 | 11.0 | 1∶0.94∶1.22 |
| 10 | 27.5 | 9.0 | 7.5 | 11.0 | 1∶0.83∶1.22 |
| 11 | 29.5 | 9.0 | 8.5 | 12.0 | 1∶0.94∶1.33 |
| 12 | 23.5 | 10.0 | 6.5 | 7.0 | 1∶0.65∶0.7 |
| 13 | 22.0 | 10.0 | 6.0 | 6.0 | 1∶0.6∶0.6 |
| 14 | 22.0 | 10.0 | 5.0 | 7.0 | 1∶0.5∶0.7 |

## （二）烟草配方施肥技术

烟草平衡施肥总的原则：少时富，老来贫，烟叶成熟肥用尽。因此，烟田所用肥料，特别是氮素和磷素必须早施。烟田施肥推行"五结合一控制"施肥技术，即硝态氮与铵态氮相结合、有机肥与无机肥相结合、大量元素与微量元素相结合、地下肥与叶面肥相结合、三条施肥与追肥早施相结合，控制劣质土杂肥的施用。

在我国北方地区，氮、磷、钾比例以 1：(1~2)：(2~3) 为宜，氮、钾的基肥、追肥比例以 7：3 为宜，磷肥全部基施，有机肥氮素占施氮总量的 20% 左右为宜。

各类烟草施肥中最主要但又是最难掌握的是氮肥的施用。低烟碱、薄叶型烤烟和白肋烟，要重施基肥，并使肥料中的氮素在打顶时基本被吸收完，留有少量土壤氮素即能满足后期生长需要，以防成熟期吸氮过多，叶片粗糙肥厚，烟碱含量过高。低糖高烟碱型烤烟和晒黄烟，施肥方法上应采用基、追结合，或中层条施，以保证打顶后仍有一定的供氮水平。晒红烟和雪茄烟，施肥时要基肥、追肥并重或追肥重于基肥，使打顶后仍有较高的供氮水平。香料烟不但总施氮量要严格控制，而且在方法上宜采用全部做基肥，集中于根系密集土层，严防生育后期氮素营养水平过高，造成品质最佳的顶叶生长肥大而严重降低品质。

1. 基肥

为了促进烟株在生育前、中期早长、快发，大多采用重施基肥，将全部施肥量的 1/2~2/3 做基肥施用。一般烟田土壤保水保肥能力强，雨水相对较少的烟区，基肥的比例宜大；反之，追肥的比例宜多。北方烟区基肥的比例大，全部肥料的 2/3 做基肥，1/3 左右做追肥，南方多雨地区，土壤耕作层薄，沙性大的烟田，基肥比例小，追肥比重大，且追施次数多。

2. 追肥

前期追肥，即移栽后 40 天以前的追肥以土壤追施为主，后期追肥则以叶面喷施为主。约 40% 的氮肥做追肥，追肥可分 2 次进行。对烤烟、晒黄烟和白烟来说，不应晚于栽后 30 天；而晒红烟和雪茄烟的追肥可晚只开顶肥。烟草施肥常用穴施，开沟条施和对水淋施。不论是分散还是集中施用，施肥深度均应在 5~20 厘米土层内，过深或过浅都不利于烟株根系吸收。

### 三、烟草的配方施肥案例

以云南省六盘水市盘县珠东乡烟草测土配方施肥为例，介绍如下。

**1. 测定土壤养分含量**

试验田土壤类型沙壤土，碱解氮 158.68 毫克/千克，有效磷 14.98 毫克/千克，速效钾 64.62 毫克/千克，有机质 44.97 克/千克，pH 值 5.62，有效硼 0.512 毫克/千克，有效钾 170.29 毫克/千克。

**2. 品种与肥料**

选择品种为云烟 87。供试肥料有烤烟专用复混肥（12 - 12 - 24），总养分≥48%，氯（Cl≤4%），硝态氮占总氮的百分率≥35%；硫酸钾（$K_2SO_4$≥51%），氯（Cl≤1.5%），硫含量≥17.5%。

**3. 施肥方案**

测土配方施肥区，根据土壤测试结果，由专家提供配方 $P_2O_5$：$K_2O$ 为 9：10：26。

**4. 产量和经济效益（表 4 - 12）**

表 4 - 12　烤烟配方施肥产量和经济效益

| 产量（千克/亩） | 产值（元/亩） | 上等烟比例（%） | 中等烟比例（%） | 下等烟比例（%） | 枯黄烟比例（%） |
|---|---|---|---|---|---|
| 110.6 | 2 688.8 | 73.63 | 17.08 | 9.29 | 87.23 |
| 119.2 | 3 116 | 77.35 | 16.83 | 5.81 | 96.12 |

# 第七节　甘　蔗

## 一、甘蔗的需肥规律

甘蔗一生可分为苗期、分蘖期、伸长期、工艺成熟期。总的吸肥规律大致是"两头少、中间多"，即在幼苗阶段，需肥急切而吸收量较少，对氮的需求稍多，磷、钾次之；在分蘖阶段，需肥量逐渐增大，对三要素的吸收量占全期的 10% ~20%；进入伸长期，对三要素的吸收量大增，占全期的 50% 以上，此时正值高温多雨和强光照季节，甘蔗对光能和养分的利用率最高，是重点施肥时期；转入成熟期后，甘蔗需肥量渐减。甘蔗吸收氮、磷、钾的比例为 2∶1∶2.2。甘蔗苗期对氮、磷、钾的吸收量分别占全生育期吸收总量的8%、9%、4%，至分蘖期分别占16%、18%、14%，至伸长期分别占66%、68%、74%，至成熟期分别占10%、6%、8%，以上情况说明，甘蔗生长前期要有充分的养分供应，以促进根系发育，早分蘖、多分蘖，提高甘蔗有效茎数。甘蔗生长中期（伸长期），甘蔗生长迅速，需要吸收大量的养分，表现出明显的吸肥高峰，此时营养供应要充足，否则会直接影响甘蔗产量。

甘蔗生长期长，从萌芽到工艺成熟，需 1 年左右，甘蔗根系发达，茎秆粗壮，茎高 2 米以上，一般亩产量 5~8 吨，高的可达 10 吨以上。甘蔗是高产作物，整个生育期吸收养分多，需肥量大。据研究，每生产 1 吨甘蔗需吸收氮（N）1.5~2 千克，五氧化二磷（$P_2O_5$）1~1.5 千克，氧化钾（$K_2O$）2~2.5 千克，氧化钙（CaO）0.5~0.75 千克。

## 二、甘蔗的配方施肥技术

### （一）甘蔗的施肥量

甘蔗植株高大，产量高、整个生育过程需肥量大，适合南方各省、自治区亚热带地区甘蔗施肥选择施用。在表 4-13 配方中氮素用量比较多，钾次之，最少是磷。配方中有氮磷、氮钾、氮、磷、钾 3 种配比，各地可根据当地土壤养分丰缺情况选用。

表 4 - 13　甘蔗配方施肥中氮、磷、钾用量与比例

| 配方号 | 养分总用量（千克/亩） | 纯养分用量（千克/亩） | | | 比例（N : P : K） |
|---|---|---|---|---|---|
| | | N | P₂O₅ | K₂O | |
| 1 | 26.0 | 20.0 | 6.0 | 0.0 | 1 : 0.3 : 0 |
| 2 | 27.5 | 20.0 | 7.5 | 0.0 | 1 : 0.38 : 0 |
| 3 | 26.0 | 20.0 | 6.0 | 0.0 | 1 : 0.3 : 0 |
| 4 | 26.0 | 20.0 | 0.0 | 6.0 | 1 : 0 : 0.3 |
| 5 | 27.0 | 20.0 | 0.0 | 7.0 | 1 : 0 : 0.35 |
| 6 | 30.0 | 20.0 | 10.0 | 0.0 | 1 : 0.5 : 0 |
| 7 | 30.0 | 20.0 | 0.0 | 10.0 | 1 : 0 : 0.5 |
| 8 | 40.0 | 20.0 | 10.0 | 10.0 | 1 : 0.5 : 0.5 |
| 9 | 32.0 | 20.0 | 6.0 | 6.0 | 1 : 0.3 : 0.3 |
| 10 | 29.5 | 22.6 | 6.9 | 0.0 | 1 : 0.31 : 0 |
| 11 | 36.4 | 22.6 | 13.8 | 0.0 | 1 : 0.61 : 0 |
| 12 | 29.5 | 22.6 | 0.0 | 6.9 | 1 : 0 : 0.31 |
| 13 | 36.4 | 22.6 | 0.0 | 13.8 | 1 : 0 : 0.61 |
| 14 | 43.3 | 22.6 | 13.8 | 6.9 | 1 : 0.61 : 0.31 |
| 15 | 50.2 | 22.6 | 13.8 | 13.8 | 1 : 0.61 : 0.61 |
| 16 | 36.0 | 24.0 | 12.0 | 0.0 | 1 : 0.5 : 0 |
| 17 | 36.0 | 24.0 | 0.0 | 12.0 | 1 : 0 : 0.5 |

**（二）甘蔗的配方施肥技术**

甘蔗施肥的原则为根据技术部门提供的测土施肥卡进行施肥，氮、磷、钾肥配合施用，施足基肥、重施攻茎肥，补施壮尾肥。不要偏施和过量施用氮肥，应根据甘蔗的需肥量和吸肥特性，进行合理施肥。

1. 基肥

施足基肥，在甘蔗栽培时，将全生育期 20% ~ 30% 氮肥、60% ~ 80% 磷肥、60% ~ 80%（如量少全部做底肥）钾肥、硅肥混合做底肥，施用种苗两旁或种苗上，再行盖土。底肥要以有机肥为主，与化肥配合使用，可为蔗芽迅速生发、根系伸长、分蘖早而壮创造良好条件。一般每亩施充分腐熟的有机肥 1 500 ~ 2 000 千克，并配以通用型复合肥（15 - 15 - 15）20 ~ 30 千克。施用时，春植蔗开种植沟，将有机肥施于沟底，再于沟两侧施入无机肥；冬植蔗将有机肥作盖种肥，之后加盖一层土。

2. 追肥

（1）攻苗肥　在甘蔗长出 3 片真叶时，结合小培土，每亩施复混肥或甘蔗专用肥 10 千克、尿素 5 千克。促苗壮苗，确保全苗。或施高氮复合肥，当蔗苗长到 3 ~ 4 片叶时，每亩施复合肥 8 ~ 10 千克。施用时宜结合中耕培土直接穴施，或对水穴施，在干旱时应对水穴施。另外，要及时查缺补苗，使群体生长整齐。

（2）攻蘖肥　在甘蔗长出 6 片真叶时，结合中培土，每亩施复混肥或甘蔗专用肥 20 千克，尿素 10 千克，促进分蘖，保证有效茎数量。或施用高氮高钾型复合肥，每亩施 8 ~ 15 千克，和苗肥一样对水穴施，同时培土高 10 ~ 12 厘米。

（3）攻茎肥　攻茎肥是甘蔗增产的关键，必须重施，5 月底、6 月初，雨季来临，甘蔗开始拔节时，在伸长初期，结合中耕大培土，每亩施复混肥或甘蔗专用肥 30 千克，或施高氮复合肥 15 ~ 20 千克，促进甘蔗发大根、长大叶、长大茎，确保优质高产。

（4）壮尾肥　为促进和维持后期生长，利于养育地下部蔗芽，为翌年宿根打好基础，应补施一次壮尾肥。甘蔗生长周期长，需肥量大，后期易脱肥，为保证后期不早衰和次年宿根蔗芽的营养，应在 8 月中下旬及时补施壮尾肥，一般采用速效氮肥。在成熟前 2 个月左右每亩用复合肥 5 ~ 8 千克。施用时间不宜过迟，用量也不宜过多，以免延迟成熟和降低糖分，施后进行培土。

收获前 1 个月若出现脱肥现象，要进行叶面喷肥，每亩用磷酸二氢钾 200 克、尿素 0.5 千克，对水 100 千克混匀后喷雾。

## 三、甘蔗的配方施肥案例

以广西壮族自治区来宾市武宣县二塘镇上召村甘蔗测土配方施肥为例，介绍如下。

1. 测定土壤养分含量

试验田土壤类型沙壤土，有机质 2.89%，碱解氮 123 毫克/千克，有效磷 26.5 毫克/千克，速效钾 85 毫克/千克，pH 值 5.5。

2. 品种与肥料

选择甘蔗品种为新台糖 22 号，氮肥为尿素（含 N 46%），钙镁磷肥（含 $P_2O_5$ 17%），氯化钾（含 $K_2O$ 60%）。

3. 施肥方案

测土配方施肥处理：每亩施 N 26 千克，$P_2O_5$ 10.0 千克，$K_2O$ 21.0 千克，全部钙镁磷肥和 20% 的尿素、30% 的氯化钾于播种前做基肥施用，80% 的尿素和 70% 的氯化钾于蔗茎伸长期做追肥施用。

常规施肥：每亩施 N 30.0 千克，$P_2O_5$ 18.5 千克，$K_2O$ 11 千克，肥料施用比例和施用时期与测土配方施肥处理相同；以不施任何肥料作空白对照。

4. 产量和经济效益（表 4 – 14）

表 4 – 14 甘蔗配方施肥产量和经济效益

| 处理 | 产量（千克/亩） | 产值（元/亩） | 肥料投入（元/亩） | 纯收入（元/亩） |
|------|------|------|------|------|
| 空白施肥 | 3 780.2 | 1 039.5 | 0 | 1 039.5 |
| 常规施肥 | 5 809.6 | 1 597.6 | 23.6 | 1 573.7 |
| 配方施肥 | 6 138 | 16 88 | 23.88 | 1 664.3 |

# 第五章　主要蔬菜测土配方施肥实用技术

蔬菜多为喜硝态氮作物，在栽培介质中存在硝态氮和铵态氮时，蔬菜一般倾向于吸收硝态氮。如番茄、菠菜等在完全供给硝态氮时产量最高，随着铵态氮供给比例的增加，产量逐渐下降。菠菜在100%的铵态氮中几乎不能生长。

蔬菜需钙、硼、钼较多。常见蔬菜缺钙的症状有：大白菜、甘蓝、莴苣的"叶焦病"和"干烧心病"，番茄、辣椒的"脐腐病"等。蔬菜需硼量也比较大，一般蔬菜植株体内硼含量在10毫克/千克以上，甜菜可高达75.6毫克/千克。许多蔬菜土壤供应硼不足时容易发生缺硼症状，如芹菜的茎裂病、萝卜的褐心病或水心病、甜菜的心腐病等。一般豆类蔬菜和十字花科蔬菜钼的含量较高。

蔬菜对土壤肥力要求高，蔬菜对土壤养分含量的要求远远高于大田作物。章永松等研究了土壤有效养分丰缺的指标（表5-1），应注重提高土壤肥力水平，以保证蔬菜生产持续优质、高产和稳产。

表5-1　土壤有效养分丰缺状况的分级

（毫克/千克）

| 水解氮 | 有效磷 | 速效钾 | 交换性钙 | 交换性镁 | 有效硫 | 土壤养分丰缺状况 |
|---|---|---|---|---|---|---|
| 小于100 | 小于30 | 小于80 | 小于400 | 小于60 | 小于40 | 严重缺乏 |
| 100~200 | 30~60 | 80~160 | 400~800 | 60~120 | 40~80 | 缺乏 |
| 200~300 | 60~90 | 160~240 | 800~1 200 | 120~180 | 80~120 | 适宜 |
| 大于300 | 大于90 | 大于240 | 大于1 200 | 大于180 | 大于120 | 偏高 |

蔬菜的品种很多，能够种植的蔬菜有200多种，已大规模

种植的有 50 多种，可分为瓜类、豆类、茄果类、叶菜类、根菜类、葱姜类等。各类蔬菜的主要生物学特性不同，营养特性也有所差异，因此应采用不同的施肥技术。总的原则是：有机肥料和化肥配合施用，按需施用大量元素，适时适量补充中量元素和微量元素肥料。基肥以有机肥和磷、钾肥为主，有机肥的用量每亩不低于 3 000 千克，追肥以速效化肥为主。追肥的次数，露地蔬菜 2 ~ 3 次，设施栽培蔬菜应适当增加施肥量和施肥次数。定植或播种前深翻土壤、整平耙实，取土测定土壤养分状况，根据土壤肥力应用测土配方施肥技术确定施肥量和施肥方法，或推荐施肥量与施肥技术。

# 第一节　瓜类蔬菜

瓜类蔬菜有黄瓜、甜瓜、西瓜、西葫芦、南瓜、丝瓜、冬瓜等，该类蔬菜喜湿不耐涝、喜肥不耐肥，适宜富含有机质的肥沃土壤。

## 一、黄瓜

### （一）营养特点

黄瓜为一年生草本蔓生攀缘植物，根系主要分布在 0 ~ 25 厘米的土层内，10 厘米内最为密集，属浅根性蔬菜。黄瓜对土壤条件要求较高，土壤水分过多或过少，土壤通气不良等，均会影响黄瓜的生长和产量。适宜中性或弱酸性的土壤。黄瓜吸水能力强，耗水量大，需要经常灌溉。

黄瓜产量高，因此对养分的需要量比较大，每生产 1 000 千克黄瓜需要吸收氮 2.8 ~ 3.2 千克，磷 0.5 ~ 0.8 千克，钾 2.7 ~ 3.7 千克，钙 2.1 ~ 2.2 千克，镁 0.4 ~ 0.5 千克，对养分的需求是钾 > 氮 > 钙 > 磷 > 镁。

黄瓜的生育周期分为幼苗期、初花期和结果期。黄瓜不同生育期对养分的吸收不同，初花以前，植株生长缓慢，对养分的吸收量比较少，随着不断的开花结果，养分的吸收量逐渐增加。在整个生长发育的过程中对氮的吸收有两次高峰，分别出现在初花期至采收期，采收盛期至拉秧期。对磷、钾、镁的吸收高峰在始采期到采收盛期，对钙的吸收在盛采期至拉秧期。

**（二）施肥技术**

（1）基肥　播种或定植前结合土壤耕翻施入土壤中或播种时距种子15厘米左右开沟施用。一般每亩施优质的农家有机肥料3 000~4 000千克，磷酸二铵10~15千克和硫酸钾15千克，将其混合后施用。

（2）追肥　黄瓜是连续采收的蔬菜，需要不断追肥，以保证果实的正常生长发育和植株的健壮生长。依据土壤肥力和土壤质地情况，一般追肥3~5次，原则以速效化肥为主。①结瓜初期进行第一次追肥，每亩施用尿素10千克（或硫酸铵20千克），硫酸钾10千克。②盛瓜期进行第二次追肥，以后每15~20天追肥1次，每次追肥的数量可适当减少，最后一次追肥可以不追钾肥。在结瓜盛期可用0.5%的尿素和0.3%~0.5%的磷酸二氢钾水溶液叶面喷施2~3次。

## 二、西瓜

**（一）营养特点**

西瓜是一年生蔓生草本植物，根系发达。主根深度可达1米以上，主根上长出一级侧根，从一级侧根上长出二级侧根，一、二级侧根呈水平分布，半径可达1.5米，形成西瓜根系的骨架。西瓜对土壤条件要求不是很严格，以土层深厚、排水良好、肥沃的壤土和沙质壤土为好。

西瓜一生分为幼苗期、抽蔓期和结果期，不同发育时期对养分的需求有所不同。幼苗期吸收养分的数量比较少；抽蔓期生长量加快，吸收量逐渐增加；结瓜期，生长量最大，吸收量也最大，吸收量占总吸收量的80%以上，每生产1 000千克的西瓜需氮2.5~3.3千克，磷0.3~0.6千克，钾2.3~3.1千克。

### （二）施肥技术

（1）基肥　一般每亩施用优质农家有机肥料 4 000 ～ 5 000 千克，磷酸二铵 25 ～ 30 千克，硫酸钾 10 ～ 15 千克，结合耕翻施用或集中施入播种畦或瓜沟内。

（2）追肥　西瓜抽蔓期和果实生长盛期吸收营养元素较多，应重点追肥。①伸蔓肥（预施结果肥），第一次追肥在西瓜团棵后，每亩施用硫酸铵 7.5 ～ 15 千克，硫酸钾 15 千克。有条件的可施用饼肥，有利于植株健壮生长，而且不会徒长。②结果肥，幼果有鸡蛋大小时开始进行第二次追肥，目的是促进果实膨大，维持植株长势。每亩施用硫酸铵 10 ～ 15 千克，硫酸钾 5 千克。③瓜长到碗口大小时（坐瓜后 15 天左右），每亩追施尿素 5 ～ 10 千克、磷酸二铵 5 千克、硫酸钾 7.5 ～ 10 千克。此外，在西瓜生长期间，可以结合防治病虫害，在药液中加入 0.2% ～ 0.3% 的尿素和磷酸二氢钾（二者各半），进行叶面喷肥，每隔 10 ～ 15 天喷 1 次。也可以单独喷施。

第一批果实采收后，如拟延长生长季节，争取结二三次果，应再追肥 2 ～ 3 次。具体方法参照上面的结果肥。

## 三、西葫芦

### （一）营养特点

西葫芦为一年生草本植物，根系发达，主要根群深度为 15 ～ 20 厘米，分布范围 120 ～ 210 厘米。耐低温和弱光的能力强，具有较强的吸水力和抗旱能力，对土壤的要求也不太严格，在沙土、壤土或黏土上均可很好地生长，而且产量高，病害相对较轻、采瓜期长。

西葫芦的生育期分为幼苗期、初花期、结瓜期。幼苗期需肥量较少，随着开花结果对养分的需求逐渐增大。西葫芦属喜肥蔬菜，对养分的需求量比黄瓜高，每生产 1 000 千克西葫芦需要氮 3.92 千克、磷 2.13 千克、钾 7.29 千克。

**（二）施肥技术**

（1）基肥　西葫芦对厩肥、堆肥等有机肥料具有良好的反应，施肥应以有机肥为主，肥料配合上必须注意磷肥、钾肥的供给。基肥的用量一般每亩施用5 000~7 000千克优质农家有机肥料、尿素10~15千克、磷酸二铵30~40千克、硫酸钾30~40千克。

（2）追肥　①当根瓜开始膨大时进行追肥，每亩追施尿素10~15千克、磷酸二铵10千克、硫酸钾20千克。②在果实生长和陆续采收期间，根据长势应追肥2~3次，每次每亩施用尿素10~15千克。

# 第二节　豆类蔬菜

豆类蔬菜包括菜豆、豇豆、豌豆、采用大豆、蚕豆、刀豆、扁豆等。豆类蔬菜最大的营养特点是根系具有根瘤，能固定空气中的氮素，因此，对氮肥的需要量少，但需磷肥、钾肥比较多，对土壤养分要求不严格。

## 一、菜豆

### （一）营养特点

菜豆俗称四季豆、芸豆，以食用嫩荚和种子为主，是我国重要的春、夏、秋季蔬菜。菜豆根据其茎的生长习性可分为矮生菜豆和蔓生菜豆。菜豆的根系比较发达，直根入土深。主根和侧根上可形成根瘤，可固定空气中的氮素，能为菜豆生长发育提供约1/3的氮素营养，因此，对氮肥的需要量少。菜豆适宜生长的 pH 值为5.5~6.5，耐酸能力较弱，土壤 pH 值下降时严重影响菜豆的生长。

每生产1 000千克菜豆需要吸收氮10.1千克、磷1.0千克、钾5.0千克，其中，氮素约1/3来自根瘤菌固氮。不同品种养分的需要量不同，矮生菜豆比蔓生菜豆对养分的需要量少。矮生菜豆生育期短，从开花盛期就开始大量吸收养分；蔓生菜豆生育期长，到嫩荚伸长时才开始大量吸收养分。菜豆对磷的需要量不多，但缺磷使植株和根瘤菌生长不良，严重影响产量。菜豆的生育期分为幼苗期、抽蔓期和开花结荚期，苗期和结荚期是施肥的关键时期。

**（二）施肥技术**

（1）基肥　播种或定植前结合土壤耕翻施入土壤中，或播种时距种子15厘米左右开沟施用。菜豆根系的根瘤固氮作用较弱，尤其是在根瘤菌未发育的苗期，利用基肥中的养分促进菜豆的生长发育非常重要。一般每亩施优质的农家有机肥料3 000～4 000千克，尿素10千克、磷酸二铵15千克和硫酸钾10千克混合后施用，或复合肥20～30千克。矮生菜豆可适当减少。菜豆根系需要良好的通气条件，施用未腐熟的鸡粪或其他有机肥，土壤容易产生有害气体，氧气减少，引起烂种和根系过早老化。因此基肥应选择完全腐熟的有机肥，也不宜用过多的氮素肥料。

（2）追肥　根据土壤肥力状况和菜豆长势，一般蔓生菜豆追肥2～3次，矮生菜豆追肥1～2次。①播种后20～25天，菜豆开始花芽分化时可适当追肥，育苗移栽的菜豆在缓苗后可适当追肥，每亩追施尿素5～10千克，磷肥5～10千克。②开花结荚期追肥。菜豆坐荚后根据菜豆的长势追肥，每亩用尿素5～10千克、硫酸钾5千克。③第一次收获后，菜豆进入开花结荚盛期，进行第三次追肥，以速效氮肥为主，如尿素10千克。在收获的中后期，如发现脱肥现象，可再追施尿素10千克左右，防止早衰延长生长期，增加产量。

## 二、豇豆

**（一）营养特点**

豇豆根系发达，主根能达到1米深，侧根可达0.8米。对土壤条件要求不严格，旱地、贫瘠土壤也能生长，壤土和沙壤土生长效果最好。相对于其他豆类蔬菜，豇豆根瘤菌较少，固氮能力弱，因此，豇豆要求适当多施基肥，保证前期生长有充足的氮素供应。

每生产1 000千克豇豆需要吸收氮12.2千克（部分氮素由根瘤菌固氮提供）、磷1.1千克、钾7.3千克，豇豆需钾量较多。在植株生长发育的前期，根瘤尚未充分发育，需供给一定量的氮肥，氮数量不宜过多，以免引起徒长，应氮、磷、钾肥配合施用。豇豆与其他豆类相比更容易出现营养生长过旺而影响开花结荚，因此，结荚前应通过控制肥水控制茎叶的生长，肥水过多会导致徒长，开花结荚部位上移，花序减少。

**（二）施肥技术**

（1）基肥　播种前结合土壤耕翻施入土壤中，或播种时距种子15厘米左右开沟施用。豇豆不耐肥，如果土壤肥沃，基肥可适当少施；如果土壤贫瘠，基肥可适当多施。基肥的用量一般为优质农家有机肥料2 000～3 000千克，尿素5千克、磷酸二铵15千克和硫酸钾5千克混合后施用。

（2）追肥　根据土壤肥力状况和豇豆的长势，一般追肥2～3次。①当嫩荚开始伸长时，进行第一次追肥，每亩追施尿素5～10千克、硫酸钾5千克。②采收盛期根据豇豆的长势，再追肥1～2次，每亩追施尿素5～7.5千克。

# 第三节　茄果类蔬菜

茄果类蔬菜有番茄、茄子和辣椒等，多为无限生长型，边现蕾、边开花、边结果，生产上要注意调节营养生长与生殖生长的矛盾。花果类蔬菜对钾、钙、镁的需求量比较大，特别是在果实采收期开始，容易产生缺素症状，如番茄、辣椒的果实脐腐病等。茄果类蔬菜的采收期比较长，需要边采收边供给养分，才能满足不断开花结果的需要，否则植株早衰，采收期缩短。

## 一、番茄

### （一）营养特点

番茄根系发达，分布广而深，吸收能力和再生能力强。要求有良好的土壤条件，充足而平衡的养分供应。施肥不合理易给番茄生长带来不利的影响，如氮素过多容易落花落果、果实畸形，钾素不足易早衰、抗性下降，缺钙易出现脐腐病，影响产量和品质。

番茄的生育期可分为发芽期、幼苗期、开花着果期、结果期。采收期长，需要边采收边供给养分。从幼苗移栽到开花前对养分的需求量较少，尤其磷的吸收更少，钾和钙的吸收量最大，开花后养分的吸收量逐渐增加，到果实形成期则成倍增加。番茄对营养元素吸收的特性主要表现在对钾素的需求量最大，氮素次之，磷素最小。每生产 1 000 千克的番茄需氮 2.1~3.4 千克、磷 0.3~0.4 千克、钾 3.1~4.4 千克。

### （二）施肥技术

（1）基肥　定植前结合耕翻施入到土壤中的肥料，施足基肥是高产的基础，应以有机肥料为主配合施用化肥。每亩应施用腐熟的农家有机肥料 4 000~5 000 千克，过磷酸钙 40~50 千克或磷酸二铵 10~15 千克，硫酸钾 10~15 千克。

（2）追肥　移栽后到坐果前，以控为主，不追肥。第一果穗有乒乓球大小时开始追肥，以后根据番茄长势、土壤条件和天气状况每隔 10~15 天追肥一次。每次追施尿素 20~30 千克、磷酸二铵 5 千克、硫酸钾 20~30 千克。注意每层开花坐果时肥量要降低，每层膨果时肥量要增加。

根据番茄的长势，在结果盛期可进行叶面施肥，防止早衰。一般用 0.3%~0.5% 的磷酸二氢钾、0.1%~0.2% 的尿素或 0.1% 硼砂溶液喷施叶面。

## 二、茄子

### （一）营养特点

茄子的根系发达，根深叶茂，垂直根系可达 1～1.3 米，主要根群分布在 33 厘米内的土层，根系损伤后再生能力差。生长结果期长，养分的吸收量大。茄子对养分的吸收量，随着生育期的延长而增加，进入结果期养分吸收量迅速增加，从采果初期到结果盛期养分的吸收量可占到全生育期的 60% 以上。茄子对氮、磷、钾的吸收特点为：吸钾最多，其次是氮，吸磷最少。每生产 1 000 千克的茄子需氮 2.6～3.0 千克、磷 0.3～0.4 千克、钾 2.6～4.6 千克。

### （二）施肥技术

（1）基肥　定植前结合耕翻施入到土壤中的肥料，应以有机肥为主，配合施用化肥。每亩施用有机肥 4 000～5 000 千克，过磷酸钙 25～30 千克或磷酸二铵 10～15 千克，硫酸钾 10～15 千克。

（2）追肥　①第一次追肥是在"门茄"长到 3 厘米时，即"瞪眼期"（花受精后子房膨大露出花萼时），果实开始迅速生长时进行。每亩追施纯氮尿素 10～12 千克或硫酸铵 20～25 千克。②当"对茄"果实膨大时进行第二次追肥，追肥量同上。③以后根据茄子长势、土壤质地及天气条件，每隔 15～20 天追肥一次，直到"四母斗"收获完。

## 三、辣椒

### （一）营养特点

辣椒根系不发达，根系少，主要分布在 15～30 厘米的土层内，横向分布在 25～30 厘米。对土壤的适应性比较广，但以中性至微酸性土壤最好。

辣椒在各个不同生育期，对氮、磷、钾等营养物质吸收的数量不同，从出苗到现蕾，约占吸收总量的 5%；从现蕾到初花植株生长加快，对养分的吸收量增多，约占吸收总量的 11%；从初花至结果是营养生长和生殖生长旺盛时期，也是吸收养分和氮素最多的时期，约占吸收总量的 34%；盛花期至成熟期，对磷、钾的需要量最多，约占吸收总量的 50%。辣椒对氮素的吸收随着生育进程逐渐增加；对磷的吸收在不同阶段变幅较少；对钾的吸收在生育初期较少，从果实采收开始明显增加，一直持续到结束；对钙的吸收随着生长期逐渐增加，若在果实发育期钙素不足，易出现脐腐病；对镁的吸收高峰在采果盛期。每生产 1 000 千克的辣椒需氮 3.5 ~ 5.5 千克、磷 0.3 ~ 0.4 千克、钾 4.6 ~ 6.0 千克。对氮、磷、钾的吸收特点为钾 > 氮 > 磷。

**（二）施肥技术**

（1）基肥　定植前结合耕翻施入到土壤中的肥料，应以有机肥为主配合施用化肥。每亩施用有机肥 5 000 ~ 6 000 千克，尿素 10 千克、过磷酸钙 50 千克或磷酸二铵 20 ~ 25 千克，硫酸钾 15 千克。

（2）追肥　①第一次追肥在辣椒膨大初期，以促进果实膨大。每亩追施尿素 30 千克，硫酸钾 20 千克。②盛果期进行第二次追肥，以后根据辣椒的生长情况、土壤条件和天气情况结合浇水追肥 2 ~ 3 次。叶面追肥有利于有机物的积累，防止落花、落果，一般增产率在 10% 以上。在开花期喷 0.1% ~ 0.2% 的硼砂水溶液，可提高坐果率，在整个生长期可多次喷 0.3% ~ 0.4% 的磷酸二氢钾溶液。

**四、烟草配方施肥技术**

**（一）烟草**

烟草对钾素的需求量大于氮、磷元素，钾肥能明显提高烟草的品质。烟草施用磷、钾肥适当过量，对品质影响不明显。最难掌握的是氮肥施用。烟草早期氮素不足，不利于烟草早产快发；成熟期吸氮过多，叶片粗糙肥厚，烟碱含量过高。所以应以用氮量为准，确定肥料中氮、磷、钾的比例。试验资料表明，不同地区烟草施用氮、磷、钾化肥适宜比例不同，北方地区，氮：磷：钾比为1：1：1，南方地区为1：0.75：1.5。如果每亩产干烟草15千克，一般需氮肥6～9千克，北方地区氮、磷、钾的平均施肥量均为7千克，南方地区为8千克、6千克、12千克。

（1）氮　氮是植物的主要营养元素，它的多少对烟草产量和品质的影响最大。不管种植烟草的土壤类型如何、含氮量多少，要得到适当产量和优良品质的烟叶，都必须施用氮肥。氮素是细胞内各种氨基酸、酰胺、蛋白质、生物碱等化合物的组成成分。蛋白质是生命的基础，是细胞质、叶绿体、酶等的重要构成物质，是对烟草产量、品质影响最大的营养元素。

严重缺氮时，植株生长缓慢、瘦弱矮小，下部叶片黄化并逐渐向中上部叶扩展，烟叶变薄，早花、早衰，严重影响烟叶产品的质量。铵态氮过量时，基部和中部叶片除叶脉保持绿色外，其余组织失绿黄化，进而枯焦凋落，叶片向背面翻卷。

（2）磷　磷是重要的生命元素，在生物体的繁育和生长中起着不可代替的作用。它是烟草必需的营养元素，在烟草体内它是许多有机化合物的组成成分，并以各种方式参与生物遗传信息和能量传递，对促进烟草的生长发育和新陈代谢十分重要。烟草的产量和品质均同磷素营养状况密切相关。磷素不足时，碳水化合物的合成、分解、运转受阻，蛋白质、叶绿素的分解亦不协调，因而叶色呈深绿色或暗绿色。磷在植株体内易于移动，磷素不足时，衰老组织中的磷素向新生组织中转移，使下部叶片首先出现缺磷症状、叶面发生褐色斑点，而上部叶仍能正常生长。生长前期缺磷，植株生长不良，抗病力与抗逆力明显降低；生长后期缺磷，成熟迟缓。

烟株苗期缺磷，叶片小，色泽暗绿色，接着在烟株中上部叶片出现与气候斑相似的小斑点。缺磷时整株叶色深绿，茎节缩短，上部烟叶呈簇生状，叶片短而窄。大田缺磷的植株，在烈日下中上部烟叶易发生凋萎。若烟草继续缺磷，老叶开始出现枯死的叶斑，叶斑内部色浅，周围深棕色呈环状，有的斑连成块，叶片枯焦。

（3）钾　钾是烟草吸收量最多的营养元素。它不是植株的结构成分，通常被吸附在原生质的表面，对参与碳水化合物代谢的多种酶起激活作用，与碳水化合物的合成和转化密切相关；钾能提高蛋白质分解酶类的活性，从而影响氮素的代谢过程；钾离子能提高细胞的渗透压，从而增加植物的抗旱性和耐寒性；钾也能促进机械组织的形成而提高植株的抗病力，还可以提高烟叶的燃烧性，提高烟草的吸食品质，故烟草含钾量亦被视为烟草品质的重要指标之一。

由于钾在烟草体内呈离子态存在，容易移动，当供钾不足时，衰老组织内的钾向新生组织移动。当叶片含钾量低到一定程度、氮和钾比例失调时，就会出现缺钾症状。首先在叶尖部出现黄色晕斑，随缺钾症加重，黄斑扩大，斑中出现坏死的褐色小斑，并由尖部向中部扩展，叶尖叶缘出现向下卷曲现象，严重者坏死枯斑连片，叶尖、叶缘破碎。烟草早期缺钾，在幼小植株上，症状先出现在下部叶片上，叶尖发黄，叶前缘及叶脉间产生轻微的黄色斑纹、斑点，随后沿着叶尖叶缘呈"V"形向内扩展，叶缘向下卷曲，并逐渐向上部叶扩展。田间缺钾症状，大多在进入旺盛生长的中后期，在上部叶片首先出现，除严重缺钾外，下部叶片一般不出现缺钾症。在生长迅速的植株上，症状比氮素过多时更为严重。过多的钾不会造成明显可见的症状。

（4）镁　镁的最主要功能是作为叶绿素的中心原子，位于叶绿素分子结构卟啉环的中间，是叶绿素中唯一的金属原子。镁是酶的强激活剂，在烟草中参与光合作用、糖酵解、三羧酸循环、呼吸作用、硫酸盐还原等过程的酶，都要依靠镁来激活。镁在有些酶中的激活作用是专性的，例如，磷酸激活酶、磷酸转移酶等；而对有的酶则是非专性的，例如，烯酸酶、三羧酸循环中的脱氢酶等。缺镁时叶绿素的合成受阻，分解加速；同时叶绿素内类胡萝卜素的含量降低，因而使光合作用强度降低。镁在烟草植株体内容易移动，缺镁时生理衰老部位中的镁向新生部位移动。所以，烟株缺镁时，下部叶片失绿发黄，叶边缘及叶尖开始发黄并向上扩展；严重时，除叶脉仍然保持绿色、黄绿色外，叶片将全部变白，叶尖出现褐色坏死。

烟草缺镁主要发生在大量降水期间的沙质土壤上，在任何一个生长阶段都会出现缺镁现象。一般正常叶片含镁量为其干重的 0.4%～1.5%，当低于 0.2% 就会出现缺镁症状；在 0.2%～0.4%时，会出现轻度缺镁症。当叶片内钙、镁比值大于 8 时，即使含镁量在正常范围，亦会出现缺镁症状。吸镁过多，有延迟成熟的趋向。

（5）钙　烟草中钙的含量很高，正常情况下烟草灰分中钙的含量仅次于钾。但由于受土壤条件的影响，许多烟区烟叶中钙的含量都超过了钾。吸收的钙一部分参与构成细胞壁，其余的以草酸钙及磷酸钙等形态分布在细胞液中。钙与硝态氮的吸收及同化还原、碳水化合物的分解合成有关。钙是烟株体内不能再利用的营养元素，缺钙时淀粉、蔗糖、还原糖等在叶片中大量积累，叶片变得特别肥厚，根和顶端不能伸长，植株发育不良。症状首先出现在上部嫩叶、幼芽上，叶尖叶缘向叶背卷曲，叶片变厚似唇形花瓣状，叶色呈深绿色；症状严重时顶端和叶缘开始折断死亡，如继续发展，由于尖端和叶缘脱落，叶片呈扇贝状，叶缘不规则。

**（二）烟草的施肥技术**

（1）施肥原则　目前，氮、磷、钾三要素仍是烟草施肥中最主要的问题。其中氮是第一位的。烟草氮肥的供应原则为：生育前期要充足，旺长期要足而不过，成熟期要低而不缺。施肥中应注意以下几个方面：第一，对烟草产量、质量关系最密切的氮肥用量和不同形态氮素比例问题；第二，在施氮量确定后，氮、磷、钾的配比问题；第三，有机肥的合理施用以及中量、微量元素肥料的配合施用问题。总的原则是有机与无机相结合，硝态氮与铵态氮相结合，基肥与追肥相结合，地下与地上相结合，大量元素和中量、微量元素相结合，以达到营养的协调与均衡。

（2）施肥量的确定　在目前烟草的生产水平下，确定适宜施肥量应以保证获得最佳品质和适宜产量为标准，根据确定的适宜产量指标所吸收的养分数量，再依据烟田肥力的情况等来设计施肥方案。烟草适宜施肥量，最重要的是以氮肥量来确定。正确地确定氮素用量，要根据栽培品种、土壤肥力状况、肥料种类和土壤与肥料中氮素的利用率来确定。目前确定施氮量的方法大多数用测土施肥法和经验施肥法。

①测土施肥。测土施肥就是测定土壤的有效氮数量，来得出烟草从土壤中吸收的氮量。这个量与预定产量时吸氮总量的差数，就是烟草应从肥料吸收的氮量，再除以所施氮肥的吸收利用率，就得到了应施用的氮肥数量。土壤有效氮素与肥料中氮素的利用率，因不同肥力与质地的土壤、不同栽培品种、年度间降水量与降水分布不同，而有较大的变化。目前，最好的方法是用同位素氮（$^{15}N$）标记法，可准确地求得土壤中有效氮与肥料中氮素的利用率。近年研究认为，0～60厘米土层含有效氮的含量与烟草产量有较高的相关性。②经验施氮量。选择产区内当地植烟代表性土地，将土壤性状相同的土地，按肥力划分为高低几个等级，每个等级的烟田，以获得产量品质双优田块的施氮量为准，参照该地前茬产量、施肥情况、当年降水状况，提出下年度各肥力等级土地，各种情况下的适宜施氮量标准。这种方法是建立在取得当地情况下烟叶优质适产实际结果田块的基础上，所以有较强的实用性与可靠性。

（3）施氮量确定　生产中，由于气候条件、土壤肥力、土壤理化性状等千差万别，氮素用量很难有一个确切的数值，应根据实际情况综合考虑。近些年来，广泛开展了测土施肥，为确定适宜的施肥量提供了科学依据，但仍不能达到理想的效果。通常，施氮量按下列公式推算。

预定适宜产量的无肥区烟草的氮素用量＝烟草氮素总吸收量－杂草吸收氮量

施用肥料的种类不同，氮素利用率不同，对烟株生长发育影响也不同。酰胺态氮容易导致烟叶对氮的过量吸收，造成贪青晚熟；硝态氮肥效快、持续时间短，既能促进前期烟株旺盛生长，又有利于后期烟株落黄、成熟；有机氮肥的肥效慢且长，氮素的释放时间及其吸收量不易预测和控制。

（4）施磷量确定　烟草对磷肥的吸收量远小于氮、钾，仅为吸氮量的 1/4 ~ 1/2，但由于磷肥的吸收利用率低，如过磷酸钙的利用率只有 10% ~ 20%，所以生产上施用氮、磷比例一般为 1：（1 ~ 1.5）。

（5）施钾量确定　烟草对钾的吸收是氮、磷、钾三要素中最多的，是氮的 1.5 ~ 2 倍。充足的钾对提高烟叶品质有良好的作用。根据理论数据，结合各地的实际情况，钾肥的施用量一般控制在施氮量的 1.5 ~ 3 倍。

（6）有机肥确定　有机肥被称为完全营养肥料，含有大量的有机质和多种矿质元素，具有肥效平稳、供肥能力持久的特点，对平衡营养、改善土壤理化性状等都有积极作用。适用于烟草的有机肥种类很多，主要有各种农家肥（厩肥、堆肥等）、绿肥（苜蓿、紫云英、苕子等）和各种饼肥（豆饼、花生饼、菜籽饼、芝麻饼等）。烟草常用的有机肥料有堆肥、厩肥、圈肥、绿肥、人尿粪、畜尿粪、各类油脂的糟粕、腐殖肥以及土杂肥等。有机肥由于构成肥料的材料不同，即使同名的肥料，其有效养分的含量也千差万别。有机肥料中含有比土壤高得多的分解、半分解与未分解的有机物质，含有多种烟草必需的大量与微量营养元素，是一种完全肥料，易被根系吸收。另外，各类油脂粕在被微生物分解过程中，还产生一些类生长素、抗生素等具有生理活性的物质，对于促进和保持根系的各种生理活性有良好的作用。有机肥料含有胶体类物质，多孔疏松，在改善和保持土壤良好物理性状方面有明显作用。由于有机肥料既含有一定数量的速效养分，又含有相当数量在土壤中逐步分解才释放出来的养分，具有较高的持续供肥能力。但施用过量时，容易造成供肥后劲过长、过大，使烟叶成熟期供氮水平过高，影响落黄成熟，尤其是土壤有机质含量高，土壤速效氮素释放迟的黏质土壤，要特别注意有机肥料施用不要过量。

在有机肥施用时，对掺混入、畜粪尿的有机肥，不能施用过量，以免造成烟株吸氯过量而影响品质。烟草施用的有机肥，除了强调要充分腐熟外，在土壤和地下水含氯量高的烟田，尽量避免掺入过多的含氯粪尿。有机肥主要是当作基肥施用，在春季耕翻和起垄时将全部有机肥一次性施完，也有少数地区做追肥施用。我国多数地区的烟田，分布在有机质含量低、土壤物理化学性状不良的贫瘠土地上，施用有机肥料，对于提高和稳定烟草产量和品质具有重要作用。

施用有机肥应注意的问题。有机氮的比例以占总施氮量的25%左右较为适宜。施用有机肥时应注意：一是应尽量不用含氯量高的人、畜粪尿，避免烟株吸氯过多，造成烟叶黑灰熄火，品质低劣。而堆肥经过发酵和降水淋溶，使含氯量降至适宜值后方可适量施用。二是经过完全腐熟后的有机肥在施用前，最好晒干压碎后施用，以利于有机肥料的营养释放，避免挥发性有毒物质对烟株的危害。三是对土壤有机质含量高、速效氮释放高的黏质土壤，不要过量施用有机肥，以免烟株后期吸氮过高。四是有机肥与无机肥混合施用（禁止使用不能混合使用的种类），使肥料间养分互补，对提高烟叶品质有利，有条件的地方种植绿肥压青是很好的培肥措施。

有机肥的施用方法。有机肥在施用时可全部用作基肥，或将1/2～2/3有机肥与全部磷、钾肥以及部分氮肥混合后用作基肥，其余的部分与化肥一起作为追肥施用。

用作基肥的有机肥一般移栽前开沟条施，或结合起垄条施。另一种为穴施，即将肥料在烟株移栽前直接施于穴内，大多数烟农习惯用饼肥穴施。可将条施和穴施结合，先将一部分肥料在开沟或起垄时条施，然后将剩余的肥料移栽时穴施；也可将全部有机肥采用全层施肥方法，均匀地撒施于田面，然后浅耕整地移栽。

### （三）有机肥施用

根外追肥具有对养分吸收速率高，烟株吸收得快、吸收利用率也高，叶面吸收的养分能迅速运转至烟株其他部位等特点。

目前叶面营养剂种类很多，施用时要根据烟田中烟株的生长情况，表现出缺乏哪些养分，选用含有相应养分的叶面营养剂。可以直接喷洒所缺元素的水溶液，但注意喷洒的剂量，以免过量施用造成毒害。

叶面营养剂的施用方法，主要采用喷雾法，雾点越细，效果越好。喷洒时，营养剂溶液的总浓度以不超过1%为安全，空气干燥时，还应降低浓度以防烧伤叶片。喷洒的时间，以下午近傍晚时为佳。喷洒时将喷头向上，喷洒在叶背面，效果更好。叶面营养剂可以和普通的杀虫剂农药混合施用，以节省人工。

# 第四节　叶菜类蔬菜

叶菜类蔬菜包括大白菜、结球甘蓝、芹菜、菠菜、莴苣等，在养分的吸收上有其共同特点：一是对氮、磷、钾养分的需要以氮和钾为主，比例约为1：1；二是多数根系比较浅，属浅根型作物，抗旱和抗涝的能力都比较低；三是多数叶菜类养分吸收速度的高峰是在生育的前期，因此，叶菜类蔬菜前期营养供应非常重要，对产量和品质都有重要的影响。

## 一、大白菜

### （一）营养特点

大白菜又称结球白菜，根系发达，由胚根形成肥大的肉质直根，着生大量的侧根，由 2~4 级侧根形成发达的网状根系，这些根系99%分布于地表以下30厘米深的土层。因此，要求土层深厚、质地疏松、供肥能力高的土壤。适宜生长的 pH 值为6.0~6.8。

大白菜生长期长、产量高，对养分的要求也高。每亩地产量可达 1 万多千克，形成如此高的产量需要充足的营养物质保障。据陈佐忠等人测定，大白菜可食部分含氮 3.4%、磷 0.4%、钾 3.09%、钙 1.08%、硫 0.36%、铁 0.012% 和硅 0.001%，可见大白菜体内含氮、磷、钾比较高。大白菜氮、磷、钾的含量在不同部位也不同，在叶片中含量最多，约占 90%；茎盘中含量占 6% 左右，根占 3% 左右。不同叶位养分含量差异也很大，含氮量是外叶含量低于心叶含量，磷、钾、钙、镁含量是随着叶位的增加而降低（表 5-2）。

表 5-2  大白菜不同叶位养分含量（以干重计）

（%）

| 叶位 | 氮 | 磷 | 钾 | 钙 | 镁 |
|------|------|------|------|------|------|
| 1~10 | 3.31 | 0.96 | 6.87 | 5.40 | 0.23 |
| 11~20 | 3.64 | 1.01 | 6.46 | 2.54 | 0.21 |
| 21~30 | 4.41 | 0.94 | 5.37 | 2.12 | 0.21 |
| 31~40 | 4.89 | 0.92 | 5.06 | 1.52 | 0.20 |
| 41~50 | 4.83 | 0.88 | 4.62 | 1.32 | 0.10 |
| 51~60 | 4.90 | 0.79 | 5.66 | 2.00 | 0.19 |
| 芽 | 5.15 | 0.86 | 4.31 | 1.04 | 0.19 |

大白菜是需肥较高的蔬菜。据资料报道，平均单株一生需要吸收氮 6.46~8.65 克、磷 1.21~1.61 克、钾 9.18~13.94 克。每生产 1 000 千克的大白菜需氮 1.8~2.6 千克、磷 0.4~0.5 千克、钾 2.7~3.1 千克，其比例约 4.6:1:7.6，钾的需要量明显高于氮和磷。大白菜为喜钙蔬菜，环境条件不良、管理不善时会导致生理缺钙，出现干烧心病，对大白菜的品质影响很大。因此，除了保证氮、磷、钾营养元素的供应外，还要保证钙的供应。

大白菜生长发育过程分为营养生长和生殖生长两个阶段。营养生长阶段包括发芽期、幼苗期、莲座期、结球期。生殖生长阶段包括返青期、抽薹期、开花期和结实期。大白菜总的需肥特点是：苗期吸收养分较少，吸收量不足1%；莲座期吸收养分明显增多，其吸收量占30%；结球期吸收养分最多，约占总量的70%。各时期吸收养分的比例也不同，苗期氮、磷、钾的比例为5.7：1：12.7，莲座期为1.9：1：5.9，包心期为2.3：1：4.1。

**（二）施肥技术**

（1）基肥　播种前需要大量有机肥做基肥，可结合土壤深耕翻施入土壤中。一般每亩施用腐熟有机肥3 000～4 000千克，撒施耕翻或开沟施用。土壤肥力高的地块可适量少施，土壤肥力低的新菜地应重施有机肥，并适量施用化肥做基肥。

（2）追肥　大白菜生长发育过程中一般追肥3次，需肥最多的时期是莲座期和包心结球初、中期，在此两个时期对养分的吸收速率最快，容易造成土壤养分亏缺，并表现出营养不足，因此在这两个时期要特别注意养分的供应。①苗肥从播种到30天内为苗期，生物量仅占生物总产量的3.1%～5.4%。主根已深达10厘米左右，并发生一级侧根，根系的吸收能力逐渐增强，可施入少量的提苗肥，促进幼苗生长。以速效氮肥为主，如尿素或硝酸铵5千克左右。②莲座期追肥进入莲座期，自播种31～50天的19天内，生物量猛增，占生物总产量的29.2%～39.5%。在距苗15～20厘米处开沟或穴施氮、磷、钾复合肥20～25千克。③结球期（包心期）追肥结球初、中期，自播种50～69天的19天内，生物量有更多的增长，占生物总产量的44.4%～56.5%。这一时期的增重量是决定总产量高低及白菜品质的关键时期，需增加追肥量，应以氮肥为主，并配合施用磷钾肥。如每亩追施尿素或硝酸铵20～25千克，硫酸钾20千克或氯化钾15千克或相当数量的草木灰。

在土壤肥力差的土壤上，还可在莲座期至结球期进行叶面追肥，喷施0.5%～1%的尿素和磷酸二氢钾，以提高大白菜的产量和品质。

结球后期自收获，自播种 69 ~ 88 天的 19 天内，生物量增长速度明显下降，相应吸收养分量也减少，占总生物量的 10% ~ 15%，一般不需再施肥。

（3）大白菜缺钙的矫治　大白菜缺钙多见于结球期，症状是内叶叶缘出现枯萎呈干烧心状，影响大白菜的产量、品质和食用价值。许多研究资料表明，大白菜缺钙并非完全因为土壤缺钙，氮肥用量过多和土壤干旱也会加重缺钙的发生。可通过叶面施肥补充，如用 0.3% ~ 0.5% 硝酸钙或氯化钙溶液喷施，每隔 7 天 1 次，连喷 2 ~ 3 次即可见效。在喷施的溶液中加入生长素可以改善钙的吸收，如在 0.5% 的氯化钙溶液中加萘乙酸 50 毫克/升，在结球初期喷洒能提高喷施效果。

（4）硼肥的施用及效果　大白菜是需硼较多的蔬菜，其外叶适宜的含硼量为 20 ~ 50 毫克/千克（干重），若含硼量小于 15 毫克/千克（干重），容易产生缺硼。大白菜缺硼的症状为生长点萎缩，叶片发硬而皱缩，叶柄常有木栓化褐色斑块，叶柄出现横裂，不能正常结球或结球不紧实。对于缺硼的土壤施用硼肥，一般土壤有效硼小于 0.5 毫克/千克，每亩施用硼砂 1 千克做基肥，在莲座期或结球期喷施 0.1% ~ 0.2% 的硼砂溶液，每隔 7 天喷 1 次，连喷 2 次。

## 二、结球甘蓝

### （一）营养特点

结球甘蓝是一种叶片肥大的结球性蔬菜，为浅根系，主根不发达，须根系发达，主要分布范围为在深 30 厘米、横向直径 80 厘米的土层中。结球甘蓝对土壤的适应性较强，从沙土到黏壤土均能生长。适宜的土壤酸碱性为中性到微酸性（pH 值为 5.5 ~ 6.5），土壤过酸容易影响甘蓝对镁、磷、钼等营养元素的吸收。由于结球甘蓝原产地中海一带，因此具有一定的耐盐性，土壤含盐量达 1.2% 的盐渍土中仍能生长。

结球甘蓝是一种产量高、养分消耗量大的蔬菜，形成

1 000 千克商品产量需要吸收氮 4.1 ~ 6.5 千克、磷 0.5 ~ 0.8 千克、钾 4.1 ~ 5.7 千克, 氮、磷、钾比例约为 8：1：7.5, 结球甘蓝是需氮和钾较多的蔬菜。

结球甘蓝从播种到开始结球, 生长量逐渐增大, 对养分的吸收量也逐渐增加, 氮、磷的吸收量为总吸收量的 15% ~ 20%, 钾的吸收量为 6% ~ 10%。开始结球后, 养分的吸收量迅速增加, 氮、磷的吸收量占总吸收量的 80% ~ 85%, 钾的吸收量占总吸收量的 90%。因此需要根据结球甘蓝不同生育时期的营养特点进行合理施肥。

**(二) 施肥技术**

(1) 基肥　以有机肥料为主, 配合施用适量的磷肥, 一般在定植前结合整地每亩施用腐熟农家肥料 4 000 ~ 5 000 千克, 可将磷肥 40 ~ 50 千克与其混合后堆积一段时间施用。

(2) 追肥　春甘蓝定植时, 可根据地力情况对水浇施适量的速效氮肥, 如每亩施用尿素 7 ~ 10 千克, 可加快缓苗, 提高抗寒能力。

结球甘蓝蹲苗后可追施氮肥和钾肥, 如每亩追施尿素 10 ~ 15 千克, 硫酸钾 20 ~ 25 千克。进入结球期后需肥量迅速增加, 一般追肥次数依品种不同有所差异, 早熟品种追肥 1 ~ 2 次, 中、晚熟品种追肥 2 ~ 3 次。每次每亩追施氮肥 15 ~ 20 千克。追施化肥后应及时浇水, 以提高甘蓝对养分的吸收量, 充分发挥肥料的作用。

(3) 结球甘蓝缺钙的矫治　结球甘蓝很容易缺钙, 其主要症状是内叶叶缘及心叶一起由褐色变干枯, 呈干烧心 (心腐病), 产品品质低劣, 可食率下降, 严重影响产量。甘蓝外叶适宜的含钙量为 1.5% ~ 3.0% (干重), 小于 1.5% 就会表现缺钙。钙肥施入土壤的效果甚微或无效, 常用 0.3% ~ 0.5% 的氯化钙叶面喷施, 每隔 7 天左右喷施 1 次, 连喷 2 ~ 3 次。

### 三、芹菜

#### （一）营养特点

芹菜为浅根性蔬菜，根系主要分布在 7～10 厘米的土层中，根系吸收养分的能力较弱。芹菜的营养生长期包括发芽期、幼苗期、叶片生长期，不同生育期对养分有不同的需求，发芽期、幼苗期对养分的需求较少，定植缓苗后，叶片生长旺盛，对养分的需求逐渐增加。

不同养分种类对芹菜的生育影响不同，氮肥主要影响地上部的生长，即叶柄的长度和叶数的多少，缺氮的芹菜植株矮小，容易老化空心。磷肥过多时叶柄细长，纤维增多。充足的钾肥有利于叶柄的膨大，提高产量和品质。形成 1 000 千克商品产量需要吸收氮 1.8～2.0 千克、磷 0.3～0.4 千克、钾 3.2～3.3 千克。

#### （二）施肥技术

（1）基肥　定植前结合整地每亩施入 3 000～4 000 千克腐熟的农家有机肥料，磷酸二铵 10～15 千克，硫酸钾 15～20 千克，对于缺硼的土壤可施硼砂 1～2 千克。

（2）追肥　一般在定植后缓苗期间不追肥，缓苗后可施催苗肥，每亩 5 千克尿素结合浇水施用。当新叶大部分展出直到收获前植株进入旺盛生长期，要多次追肥。当植株达 8～9 片真叶时，按每亩 10～15 千克尿素进行第一次追肥。以后根据土壤肥力和土壤质地状况，每隔 15～20 天追肥一次，肥料的种类、用量同第一次追肥，共追肥 3～4 次。

在芹菜旺盛生长期，可用 0.5% 的尿素溶液和 0.2%～0.5% 的硼砂溶液进行叶面喷施，能明显提高产量和改善品质。

## 第五节　根菜类蔬菜

根菜类蔬菜以肉质根为食用产品，它们对土壤条件的要求和营养特点与其他类蔬菜有一定的差别。这类蔬菜为深根性植物，根系发达，要求土层深厚、排水良好、疏松肥沃的土壤，最好是壤土或沙壤土。土壤板结、耕层浅薄的土壤，不利于块根的膨大，影响产量和品质。根菜类蔬菜对土壤磷的吸收能力强，对土壤缺硼较为敏感，是需硼较多的蔬菜。

## 一、萝卜

### （一）营养特点

萝卜属深根性蔬菜，根系发达，小型萝卜根深 60～150 厘米，大型萝卜根深可达 178 厘米。萝卜适宜生长的 pH 值为 5.8～6.8，具有一定的耐酸能力。萝卜的营养生长期可分发芽期、幼苗期、莲座期和肉质根生长期。不同生育期吸收氮、磷、钾养分的数量差别很大，幼苗期因生长量小、养分吸收少，氮、磷、钾的吸收比例以氮最多，然后是钾与磷；进入莲座期吸收量明显增加，钾吸收最多，其次是氮、磷；随着肉质根迅速膨大，养分吸收急剧增加，氮、磷、钾的吸收量占 80% 以上，因此，保证该时期营养充足是萝卜丰产的关键。形成 1 000 千克商品产量需要吸收氮 2.1～3.1 千克、磷 0.3～0.8 千克、钾 3.2～4.6 千克。

### （二）施肥技术

（1）基肥  播种前结合耕翻施入到土壤中的肥料。每亩可施用 2 500～3 000 千克腐熟的农家有机肥料，过磷酸钙 25～30 千克或磷酸二铵 10 千克、硫酸钾 10 千克。

（2）追肥  第一次追肥在幼苗期进行，当苗有两片真叶展开时，追施少量的化肥，每亩 12 千克尿素。第二次追肥在第二次间苗后，第三次追肥在"破肚"时进行，每亩追施尿素 12 千克、过磷酸钙和硫酸钾各 10 千克。中小型萝卜在追两次肥后基本满足以后生长需要，除了在肉质根膨大期适当追肥外，不必再过多追肥。大型萝卜在露肩时需追施氮肥，每亩追施尿素 10 千克，在肉质根膨大期还要追施钾肥一次。

## 二、胡萝卜

### （一）营养特点

胡萝卜属深根性蔬菜，根系发达，播种后 45 天主根可深达 70 厘米，90 天根系深达 180 厘米。胡萝卜的营养生长期分为发芽期、幼苗期、莲座期和肉质根生长 4 个时期。胡萝卜生育初期迟缓，在播种后两个月内，各要素吸收量比较少。随着根部的膨大，吸收量显著增加，吸收量以钾最多，其次是氮、钙、磷和镁。胡萝卜对氮的要求以前期为主，在播种后30～50天，应适量追施氮肥，如果此时缺氮，肉质根膨大不良，直径明显减小。形成 1 000 千克商品产量需要吸收氮2.4～4.3千克、磷0.3～0.7 千克、钾4.7～9.7 千克。

### （二）施肥技术

（1）基肥　播种前结合整地每亩施入 2 000～2 500千克腐熟的农家有机肥料，过磷酸钙 15～20 千克或磷酸二铵5～10 千克，硫酸钾 10～15 千克。

（2）追肥　第一次追肥在出苗后20～25 天，长出 3～4 片真叶后，每亩施硫酸铵 5～6 千克，硫酸钾肥 3～4 千克。第二次追肥在胡萝卜定苗后进行，每亩可用硫酸铵 7～8 千克，硫酸钾4～5 千克。第三次追肥在根系膨大盛期，用肥量同第二次追肥。生长后期应避免肥水过多，否则容易裂根，也不利于储藏。

## 三、马铃薯

### （一）马铃薯的需肥量和需肥规律

马铃薯在生长期中形成大量的茎叶和块茎，产量较高，需肥量也较大。在氮、磷、钾三要素中，以钾的需要量最多，氮次之，磷最少。每生产 100 千克块茎需吸收氮 0.5 千克、磷0.20 千克、钾 1.06 千克，氮、磷、钾比例为 1∶0.4∶2.1。马铃薯需肥规律是：在幼苗期以氮、钾吸收较多，分别达到总吸收量的20% 以上；磷较少，占吸收量的15%。现蕾和开花期间吸钾量最多，高达70%左右；氮、磷各达50%以上。生育后期，则以氮、磷吸收量较多，分别约为30%和20%，钾较少，占5%左右。马铃薯吸肥的总趋势是：以前期和中期较多，占总吸收量的70%以上。

### （二）马铃薯施肥方法

马铃薯的底肥以有机肥为主，搭配适量的化学肥料，每亩施腐熟的堆肥或厩肥1 500~2 500千克、磷肥15~25千克、草木灰100~150千克，如果改用钾肥代替草木灰，可用150千克硫酸钾，不能用氯化钾。底肥可采用沟施或穴施，施于10厘米以下土层内。播种时，每亩用氮素化肥5~7.5千克做种肥，可使出苗迅速整齐而健壮。齐苗前追施芽肥和苗肥，每亩1 000千克腐熟的人畜粪尿加适量的氮肥。现蕾开花时期，地上部茎叶生长迅速，地下部块茎大量形成和膨大，需要很多养分，应重施一次追肥，以钾肥为主配施氮肥，每亩需要10千克的硫酸钾加15千克的碳酸氢铵，施后盖土。开花以后植株封行，不宜再追肥。

### 四、甘薯

#### （一）甘薯的需肥量及各生育期的需肥规律

甘薯的生长过程分为4个阶段：一是发根缓苗阶段。指薯苗栽插后，入土各节发根成活，地上苗开始长出新叶。二是分枝结薯阶段。这个阶段根系继续发展，腋芽和主蔓延长，叶数明显增多，小薯块开始形成。三是茎叶旺长阶段。指茎叶从覆盖地面开始至生长最高峰。这一时期茎叶迅速生长，生长量约占整个生长期总量的60%。地下薯块明显增重，也称为蔓薯同长阶段。四是茎叶衰退、薯块迅速肥大阶段。指茎叶生长由盛转衰直至收获期，以薯块肥大为中心。甘薯因根系深而广，茎蔓能着地生根，吸肥能力很强。

在贫瘠的土壤上也能收到一定产量，这经常使人误认为甘薯不需要施肥。但实践证明，甘薯是需肥性很强的作物。甘薯对肥料三要素的吸收量，以钾为最多，氮次之，磷最少。一般每生产1 000千克甘薯，需从土壤中吸收氮3.93千克、磷1.07千克、钾6.2千克，氮、磷、钾比例为1：0.27：1.58。

氮、磷、钾比例多在1：（0.3～0.4）：（1.5～1.7）。但不同甘薯生长类型和产量间有差异，其中高产田块钾、磷肥施用量有增多趋势，需氮量有减少的趋势。

甘薯苗期吸收养分较少，从分枝结薯期至茎叶旺盛生长期，吸收养分速度加快，吸收数量增多，接近后期逐渐减少。到薯块迅速膨大期，氮、磷的吸收量下降，而钾的吸收量保持较高水平。氮素的吸收一般以前期和中期为多，当茎叶进入盛长阶段时，氮的吸收达到最高峰，生长后期吸收氮素较少。磷素在茎叶生长阶段吸收较少，进入薯块膨大阶段略有增多。钾在整个生长期都比氮和磷多，尤以后期薯块膨大阶段更为明显。因此，应施足基肥，适期早追肥和增施磷钾肥。

**（二）甘薯施肥方法**

甘薯施肥要有机肥、无机肥配合，氮、磷、钾配合，并测土施肥。氮肥应集中在前期施用，磷、钾肥宜与有机肥料混合沤制后做基肥施用，同时按生育特点和要求做追肥施用。其基肥与追肥的比例因地区气候和栽培条件而异。甘薯施肥方法如下。

（1）苗床施肥　甘薯苗床床土常用疏松、无病的肥沃沙壤土。育苗时一般每亩苗床地施过磷酸钙22.5千克、优质堆肥700～1 000千克、碳酸氢铵15～20千克，混合均匀后施于窝底，再施2 500～3 000升水肥浸泡窝子，干后即可播种。苗床追肥根据苗的具体情况而定。火炕和温床育苗，排种较密，采苗较多。在基肥不足的情况下，采1～2次苗就可能缺肥，所以采苗后要适当追肥。露地育苗床和采苗圃也要分次追肥。追肥一般以人粪尿、鸡粪、饼或氮肥为主，撒施或对水浇施。一般每平方米苗床施硫酸铵100克。要注意：剪苗前3～4天停止追肥，剪苗后的当天不宜浇水施肥，等1～2天伤口愈合后再施肥浇水，以免引起种薯腐烂。

（2）大田施肥

①基肥。基肥应施足，以满足甘薯生长期长、需肥量大的特点。基肥以有机肥为主，无机肥为辅。有机肥要充分腐熟。因甘薯栽插后，很快就会发根出苗和分枝结薯，需要吸收较多的养分。如事先未腐熟好，会由于有效养分不足，致使前期生长缓慢。故有"地瓜喜上隔年粪"和"地瓜长陈粪"的农谚，说的就是甘薯基肥要提前堆积腐熟或在前茬施肥均有一定的增产基肥用量一般占总施肥量的60%～80%。具体施肥量，亩产4 000千克以上的地块，一般施基肥5 000～7 500千克；亩产2 500～4 000千克的地块，一般施基肥3 000～4 000千克。同时，可配合施入过磷酸钙5～25千克、草木灰100～150千克、碳铵7～10千克等。

施肥采用集中深施、粗细肥分层结合的方法。基肥的一半以上在深耕时施入底层，其余基肥可在起垄时集中施在垄底或在栽插时进行穴施。这种方法在肥料不足的情况下，更能发挥肥料的作用。基肥中的速效氮、速效钾肥料，应集中穴施在上层，以便薯苗成活后即能吸收。

②追肥。追肥需因地制宜，根据不同生长期的生长情况和需要确定追肥时期、种类、数量和方法，做到合理追肥。追肥的原则是"前轻、中重、后补"。具体方法有以下几种。

一是提苗肥。这是保证全苗，促进早发加速薯苗生长的一次有效施肥技术。提苗肥能够补充基肥不足和基肥作用缓慢的缺点，一般追施速效肥。追肥在栽后3～5天内结合查苗补苗进行，在苗侧下方7～10厘米处开小穴，施入一小撮化肥（每亩1.5～3.5千克），施后随即浇水盖土，也可用1%尿素水灌根；普遍追施提苗肥最迟在栽后半个月内团棵期前后进行，每亩轻施氮素化肥1.5～2.5千克，注意小株多施，大株少施，干旱条件下不要追肥。

二是壮株结薯肥。这是分枝结薯阶段及茎叶盛长期以前采用的一种施肥方法。其目的是促进薯块形成和茎叶盛长。所以被称之壮株肥或结薯肥。因分枝结薯期，地下根网形成，薯块开始膨大，吸肥力强，为加大叶面积，提高光合生产效率，需要及早追肥，以达到壮株催薯、快长稳长的目的。追肥时间在栽后 30~40 天。施肥量因薯地、苗势而异，长势差的多施，每亩追硫酸铵 7.5~10 千克或尿素 3.5~4.5 千克，硫酸钾 10 千克或草木灰 100 千克；长势较好的，用量可适当减少。如上次提苗或团棵肥施氮量较大，壮株催薯肥就应以磷、钾肥为主，氮肥为辅；不然要氮、钾肥并重，分别攻壮秧和催薯肥。基肥用量多的高产田可以不追肥，或单追钾肥。结薯开始时是调节肥、水、气 3 个环境因素的关键，施肥时结合灌水，施后及时中耕，用工经济，收效也大。

三是催薯肥，又叫长薯肥。在甘薯生长中期施用，能促使薯块持续膨大增重。一般以钾肥为主，施肥时期一般在栽后 90~100 天。追施钾肥有 3 个好处：一是可使叶片中增加含钾量，能延长叶龄，加粗茎和叶柄，使之保持幼嫩状态；二是能提高光合效率，促进光合产物的运转；三是可使茎叶和薯块中的钾、氮比值增高，能促进薯块膨大。催薯肥如用硫酸钾，每亩施 10 千克；若用草木灰每亩施 100~150 千克。草木灰不能和氮、磷肥料混合，要分开施用。施肥时加水，可尽快发挥其肥效。

四是根外追肥。甘薯生长后期，根部的吸收能力减弱，可采用根外追肥，弥补矿质营养吸收的不足。此方法见效快，效果好。即在栽后 90~140 天，喷施磷钾肥，不但能增产，还能改进薯块质量。具体方法为：用 2%~5% 的过磷酸钙溶液，或 1% 磷酸钾溶液，或 0.3% 磷酸二氢钾溶液，或 5%~10% 过滤的草木灰溶液，在 15 时以后喷施，每亩喷液 75~100 千克。每隔 15 天喷 1 次，共喷 2 次。

**（三）甘薯施肥注意事项**

甘薯是忌氯作物，不能施用含有氯元素的肥料；碳酸氢铵不适宜撒施、面施，可制成混肥颗粒深施。另外，沙土地追肥适宜少量多次，若追肥次数减少，而每次用量可适当增多；水源充足、水分条件良好的条件下，应控制氮肥用量，以免引起茎叶徒长，影响薯块生长，否则将会减产，肥效不高。

# 第六节　葱蒜类蔬菜

葱蒜类蔬菜是以幼嫩叶、假茎、鲜茎或花薹为食用产品的一类蔬菜，主要有大葱、洋葱、韭菜、大蒜等。此类蔬菜的适应性比较强，由于栽植密度大，根系入土浅、根群小、吸肥力弱，因此，要求肥水充足。

## 一、大葱

### （一）营养特点

大葱的根系为白色弦线状须根，粗度均匀，分生侧根少，吸肥力弱，但需肥量大、喜肥耐肥、耐旱不耐涝。对土壤要求不严格，但以土层深厚、排水良好、富含有机质的壤土为好，适宜的土壤 pH 值为 7.0 ~ 7.4。

大葱需钾最多，氮次之，磷最少，对氮素比较敏感，施用氮肥有明显的增产效果。每生产 1 000 千克大葱需要吸收氮 2.7 ~ 3.3 千克、磷 0.2 ~ 0.5 千克、钾 2.7 ~ 3.3 千克。

### （二）施肥技术

（1）基肥　定植前要施足基肥，一般每亩施腐熟的有机肥料 4 000 ~ 5 000 千克，过磷酸钙 50 ~ 70 千克，硫酸钾 15 ~ 20 千克。采用沟施或撒施的施用方法。

（2）追肥　大葱追肥应侧重葱白生长初期和生长盛期。①葱白生长初期可根据土壤肥力和大葱的生长情况追肥 1 ~ 2 次。炎夏刚过，天气转凉，葱株生长加快，应追施一次攻叶肥。可追施尿素 15 ~ 20 千克，撒在垄背上，中耕混匀，而后浇水。处暑以后，天气晴朗、光照充足、气温适宜，进入管状叶生长盛期，每亩可撒施尿素 10 ~ 15 千克，硫酸钾 5 千克，然后破垄培土。②葱白生长盛期是大葱产量形成的最快时期，需要大量的水分和养分，此时应追施 2～3 次攻棵肥。第一次追施尿素 10～15 千克，硫酸钾 5～10 千克，可撒施于葱行两侧，中耕后培土成垄，浇水。后两次追肥可在行间撒施尿素 8～10 千克，或硫酸铵 15～20 千克，浅中耕后浇水。

## 二、大蒜

### （一）营养特点

大蒜为二年生草本植物，根系为弦线状须根，属浅根性蔬菜，根系主要分布在 25 厘米以内的表土层内，横向分布 30 厘米。大蒜生育期分为萌芽期、幼苗期、鳞芽及花芽分化期、蒜薹伸长期、鳞芽膨大盛期。对养分的需求量随着植株生长量的增加而增加。随着蒜苗的生长，到鳞芽及花芽分化期植株吸收养分的数量迅速增加，逐渐达到了养分吸收的高峰，是大蒜生长发育的关键时期。蒜薹生长到鳞茎膨大时期，是大蒜营养生长和生殖生长并进、生长量最大的时期，根系生长和吸收能力都达到最大，是需肥量最大和施肥的关键时期。

大蒜对各种养分的需求以氮最多，每生产 1 000 千克大蒜需要吸收氮 4.5～5.0 千克、磷 0.5～0.6 千克、钾 3.4～3.9 千克。

### （二）施肥技术

（1）基肥　基肥的用量为每亩施用 4 000～5 000 千克腐熟的农家有机肥料，根据土壤肥力状况配合施用过磷酸钙 20～30 千克，或复混肥 30～40 千克。

（2）追肥　追肥以氮肥为主，配合适量的磷钾肥。秋播的大蒜可根据土壤肥力状况和大蒜的生长情况追肥 2～3 次。①越冬前或返青期追肥，主要是追催苗肥，前者主要目的是培育壮苗，后者是促进蒜苗返青后快速生长。可追施尿素 10～15 千克，硫酸钾 8～12 千克。②蒜薹伸长期追肥，可追施尿素 15～20 千克，硫酸钾 5～10 千克。③鳞茎膨大期追肥，视土壤肥力情况和大蒜的长势，确定追肥量，如果肥力不足，大蒜长势不强，应增施一次速效肥，如尿素 10~20 千克。

# 第七节　薯芋类蔬菜

薯芋类蔬菜有马铃薯、山药、芋头、生姜等，主要以块茎、根茎、球茎、块根等器官供人们食用。这类蔬菜为须根系，吸收养肥能力相对较弱，对肥水丰缺反应敏感，这类蔬菜食用部分在土壤中，因此要求土层深厚，疏松透气，有机质含量高，排水好。在幼苗期和发棵初期供给充足的氮元素，以保证块茎膨大前根茎叶的健壮生长。如果氮肥过量或使用过晚，会导致徒长，施用有机肥和钾肥效果好，尤其增施钾肥，是这类蔬菜高产的重要措施。相对于其他蔬菜而言，薯芋类蔬菜施肥要求较高。而且收获产品部分生长在地下，要求土壤有机质充足、疏松、透气；施肥要足量施用有机肥及钾肥，配施氮、磷肥。以马铃薯为例，各个生育期氮、磷、钾的吸收量占总吸收量的百分比：幼苗期分别为 6%、8% 和 9%，发棵期分别为 38%、34% 和 36%，结薯期分别为 56%、58% 和 55%。姜、芋头、山药对养分的吸收规律与马铃薯类似。

## 一、山药

山药属薯蓣科，多年生草质藤本植物，以肥大的块茎为主要食用器官，其富含多种人体需要的营养物质及药用成分，具有较高的食用和药用价值，深受人们喜爱。近年来，山药已被广泛用作粮食、蔬菜、药材、饲料和加工原料，是一种高产高效的经济作物。

### （一）山药的需肥规律

在苗期，植株生长量小，对氮、磷、钾的吸收量亦少。甩蔓发棵期，随着植株生长速度的加快，生长量增加，对养分的吸收量也随着增加，特别是对氮的吸收量增加较多。进入块茎迅速膨大期，茎叶的生长达到了高峰，块茎迅速生长和膨大，对氮、磷、钾的吸收也达到了高峰。据测定，每生产 1 000 千克块茎，需氮（N）4.32千克、磷（$P_2O_5$）1.07千克、钾（$K_2O$）5.38千克，所需氮、磷、钾的比例为1∶0.25∶1.25，不同生长期的需肥量和种类有差异。

**（二）山药的配方施肥技术**

山药生长前期供给适量的速效氮肥，有利于藤蔓的生长。进入块茎生长盛期，要重视氮、磷、钾的配合施用，特别要重视钾肥的施用，以促进块茎的膨大和物质积累。山药施肥以基肥为主，追肥为辅。基肥以充分腐熟的优质农家肥和复合肥为主。

1. 基肥

每亩施腐熟的农家肥2 000～4 000千克、等量复合肥（18－18－18）60～80千克，施用前将二者充分拌和。或施有机肥2 000千克、尿素25千克、磷酸二铵25千克、硫酸钾30千克。基肥在整地前全田均匀撒施，施后将肥料耕翻入30厘米耕层中。

2. 追肥

追肥的原则是"前期重，中期稳，后期防早衰"。

（1）苗期（6月中旬前后）　以氮肥为主，每亩施10～15千克高氮钾型复合肥。枝叶生长盛期（7月上旬）每亩可施高氮钾型复合肥20～25千克，并叶面喷施1次浓度为0.25%的磷酸二氢钾溶液。

（2）块茎迅速膨大期（7月下旬开始）　每亩施尿素7.5千克，并叶面喷施浓度为0.25%的磷酸二氢钾溶液2～3次，8月上旬每亩施氮、磷、钾复合肥20～30千克。枝叶衰老块茎充实期不采取土壤追肥，可喷施浓度为0.25%的磷酸二氢钾溶液1次，以延长藤蔓生长时间。

**（三）山药的配方施肥案例**

以山东省高密市于疃村山药配方施肥为例，介绍如下。

1. 种植地概况

试验地为沙壤土，有机质含量为 7.09%，碱解氮 44.9 毫克/千克，有效磷 51.5 毫克/千克，速效钾 61.8 毫克/千克，pH 值为 7.05。

2. 品种与肥料

选择本地品种为大和长芋。供试肥料为尿素（含 N 46%）、过磷酸钙（含 $P_2O_5$ 12%）、硫酸钾（含 $K_2O$ 52%）。

3. 施肥方案与产量

按测土配方施肥"3414"最优设计方案。

推荐最高产量 3 125.7 千克/亩，对应的施肥量为 N 65.92 千克/亩、$P_2O_5$ 32.62 千克/亩、$K_2O$ 65.82 千克/亩，$N - P_2O_5 - K_2O$ 为 1 : 0.5 : 1。

推荐最佳产量 3 093.3 千克/亩，对应的施肥量为 N 56.11 千克/亩、$P_2O_5$ 26.34 千克/亩、$K_2O$ 44.12 千克/亩，$N - P_2O_5 - K_2O$ 为 1 : 0.47 : 0.79。

## 二、芋头

### （一）芋头的需肥规律

芋头生育期可划分为苗期、球茎分化形成期、球茎膨大期和淀粉快速增长期。不同生育期对养分的吸收和数量不同，一般苗期吸收养分较少，生长旺盛期吸收量较多，到生育的后期，养分吸收速度又减慢。叶片在苗期含 N 量较高，旺盛生长期含 P、K 较高。根系以苗期含 N、K 量较高。球茎以分化形成期含 N、P、K 最高。叶片内 N、P、K 含量高于根系，到芋头膨大期，N、P、K 主要集中转移到芋头中。据测定，每生产 1 000 千克球茎，需氮（N）5 ~ 6 千克、磷（$P_2O_5$）4 ~ 4.2 千克，钾（$K_2O$）8 ~ 8.4 千克，所需氮、磷、钾的比例为 1.2 : 1 : 2。

### （二）芋头的配方施肥技术

芋头喜肥，芋头生长期长，需肥量多，耐肥力强，除施足基肥外，还要多次追肥。

1. 基肥

整地施足基肥，一般每亩沟施或穴施厩肥或堆肥 1 000 ~ 1 500 千克、过磷酸钙 20 千克、硫酸钾 20 千克或草木灰 100 千克。

2. 追肥

芋头喜多肥，生长期又长，应多次追肥，以速效肥为主，一般追肥 4 ~ 5 次。追肥量及次数应以田间营养诊断为基础，基肥足、肥力好的地块可结合除草适量下肥，培土、浇水同时进行。重点是施好促苗肥、分蘖肥、子芋肥、孙芋肥和壮芋肥。

（1）促苗肥（提苗肥） 出苗后至 4 叶期左右结合中耕除草进行第一次施肥。苗期吸肥力弱，不耐旱，每亩浇施数次腐熟的人粪尿，旱芋施 20%、水芋施 40% 的人粪尿水 500 千克。或复合肥 4 千克、尿素 5 ~ 10 千克，对水 200 倍液淋施或开沟施于根旁，以促进叶片生长。

（2）分蘖肥（发棵肥） 4 月下旬大部分种芋开始分蘖时进行施肥，靠近植株周围挖浅沟，每亩施花生麸 50 ~ 75 千克，腐熟的猪牛粪 500 ~ 700 千克，施肥后立即覆土。幼苗期结束时，中耕并使栽植沟成为平地。

（3）子芋肥 5 月下旬新球茎开始膨大时结合中耕进行施肥，每亩施花生麸 50 ~ 75 千克，30% 腐熟人畜粪 500 ~ 700 千克，或复合肥、尿素 3 ~ 4 千克对水 200 倍液淋施或开沟施于根旁。

（4）孙芋肥 在 6 月下旬进行，当孙芋陆续发生时应及时进行 1 次追肥，一般每亩旱芋施 30%、水芋施 50% 的人粪尿肥水 500 ~ 750 千克，或每亩施花生麸 50 ~ 75 千克、氮、磷、钾复合肥 7 ~ 10 千克，在两棵芋头之间进行穴施，施后进行培土，培土厚度 5 ~ 7 厘米。

（5）壮芋肥 在 7 月下旬中上部的部分芋叶开始有落黄时

应控制肥水，以免新叶不断生长，影响球茎成熟和淀粉积累。一般每亩施花生麸 50 ~ 75 千克，复合肥 7 ~ 10 千克，在两棵芋头之间打穴深施，施肥后进行大培土，培土要高于畦面 7 ~ 10 厘米。为抑制其叶片生长，当母芋露出土面需再培土 1 次，在芋株周围培成 1 个土墩。

**（三）芋头的配方施肥案例**

1. 江苏省靖江市马桥镇横港村芋头配方施肥

（1）种植地概况　试验地土壤肥力均匀一致，前茬为蔬菜。

（2）品种与肥料　选择本地品种靖江香沙芋。供试肥料为尿素（含 N 46%）、过磷酸钙（含 $P_2O_5$ 16%）、氯化钾（含 $K_2O$ 55%）。

（3）施肥方案与产量　按测土配方施肥"3414"最优设计方案。兼顾经济需肥量与推广需肥量，施肥量 N、$P_2O_5$、$K_2O$ 分别为 14.03 ~ 15.8 千克/亩、14.64 ~ 5.6 千克/亩、20.75 ~ 25.5 千克/亩时，有利于芋头获得高产高效。

2. 重庆江津市吴滩镇郎家村蔬菜基地芋头配方施肥

（1）种植地概况　试验地土壤为紫色土，pH 值 4.75，有机质含量 7.0 克/千克，铵态氮、速效磷、钾、钙、镁、硫、铁、硼、锌含量分别为 3.1 毫克/毫升、6.75 毫克/毫升、32.8 毫克/毫升、1 275 毫克/毫升、272.6 毫克/毫升、64.1 毫克/毫升、248 毫克/毫升、18.5 毫克/毫升、2.6 毫克/毫升。

（2）品种与肥料　选择本地品种绿秆 112。供试肥料为尿素（含 N 46%）、磷酸二铵（含 N 10%，$P_2O_5$ 44%），氯化钾（含 $K_2O$ 60%），硼砂（含 B 10.5%）和石灰（含 CaO 65%）。

（3）施肥方案　按测土配方施肥设计方案，磷、钾、硼和钙肥做基肥一次性施入，氮肥 30% 做基肥，70% 做追肥，追肥分 2 次施入（分别占总氮肥的 40% 和 30%）。

（4）产量与经济效益（表 5 - 3）

表 5-3　芋头配方施肥经济效益

| 处理 | 产量<br>（千克/亩） | 肥料成本<br>（元/亩） | 利润<br>（元/亩） | 产投比 |
|---|---|---|---|---|
| 空白施肥 | 759.5 | | | |
| $N_{20}P_{15}K_{20}B_{0.2}$ | 1 320 | 120 | 1 225 | 26 |
| $N_{20}P_{15}K_{20}Ca_{150}$ | 1 341.7 | 163.5 | 1 233 | 20 |

注：尿素 1.6 元/千克，磷酸二铵 2.3 元/千克，氯化钾 1.8 元/千克，硼砂 7.0 元/千克，熟石灰 0.3 元/千克，芋头 2.4 元/千克。

## 三、生姜

### （一）生姜的需肥规律

生姜生长需要大中微量元素，在幼苗期吸收的氮素占全生长期总吸收量的 12.59%，磷占 14.44%，钾占 15.71%，此期间氮、磷、钾吸收量占总吸收量的 14.4%。三股杈期以后，植株生长速度加快，分杈数量增加，叶面积迅速扩大，根茎生长旺盛，因而需肥量迅速增加。整个旺盛生长期吸收氮、磷、钾分别占全生长期总吸收量的 87.41%、85.56%、84.29%。在盛长前期吸收的氮占总吸收量的 34.75%，磷占 35.03%，钾占 35.18%。盛长中期吸收的氮、磷、钾量约占总吸收量的 21.3%，与盛长前期的吸收比例基本相同。盛长后期吸收的氮占总吸收量的 31.43%，磷占 29.27%，钾占 27.75%。随着生长期的推进，钾的吸收比例略有下降，氮的吸收比例略有上升。在整个生育期，生姜对钾的吸收量最大，其次是氮，磷最少。

根据试验测产，每生产 1 000 千克鲜姜约需从土壤中吸收氮（N）6.34 千克、磷（$P_2O_5$）0.57 千克、氧化钾（$K_2O$）9.27 千克、钙（Ca）3.69 千克、镁（Mg）3.86 千克、硼（B）3.76 克、锌（Zn）9.88 克。

### （二）生姜的配方施肥技术

生姜的生长要求在施足有机肥的基础上，氮、磷、钾等大量元素肥料配合施用，同时补充锌、硼等微量元素，才能达到高产、优质。

1. 基肥

结合深翻整地，在播种前结合整地每亩要撒施优质腐熟鸡粪 500~600 千克。下种时每亩要沟（穴）施饼肥 75~100 千克，氮、磷、钾复合肥 50 千克或尿素 15 千克、过磷酸钙 30 千克、硫酸钾各 20 千克。对微量元素缺乏的土壤，基肥中每亩还要加入硫酸锌 1~2 千克、0.05%~0.1% 硼砂 0.5~1 千克。

2. 追肥

（1）壮苗肥　于 6 月上中旬幼苗长出 1~2 个分枝时第一次追苗肥。这次追肥以氮肥为主，每亩可施硫酸铵或磷酸二铵 20 千克。若播期过早，苗期较长，可用以上肥料结合浇水分 2~3 次追施。

（2）转折肥　立秋前后，生姜进入三股杈阶段旺盛生长期，是追肥的关键时期，一般每亩用粉碎的饼肥 60~80 千克，腐熟的鸡粪 250~300 千克，复合肥 50~80 千克或尿素 10 千克、磷酸二铵 25 千克、硫酸钾 25 千克，于植株茺部一侧 15 厘米处开一小沟（穴），将肥料撒入其中，然后覆土并浇淋透水。

（3）壮姜肥　在块茎膨大期进行，9 月中旬植株出现 6~8 个分杈时，生姜进入根茎迅速膨大期，这时应根据植株长势，巧施 1 次壮姜肥。一般每亩施复合肥 25~30 千克或硫酸铵、硫酸钾各 2~3 千克。对土壤肥力充足，植株生长旺盛的，则应少施或不施氮肥，防止茎叶徒长而影响根茎膨大。

（4）根外追肥　对硼、锌等微量元素缺乏的土壤，幼苗期、开叉期和根茎膨大期，要用硫酸锌 1~2 千克、0.05%~0.1% 硼砂 0.5~1 千克各进行一次追肥或用作叶面肥。

**（三）生姜的配方施肥案例**

以山东莱芜市辛庄镇下陈村生姜配方施肥为例，介绍如下。

1. 种植地概况

试验地土壤为壤质褐土，有机质含量 1.49%，碱解氮 118

毫克/千克，速效磷 86.1 毫克/千克，速效钾 169 毫克/千克，pH 值 7.0。

2. 品种与肥料

选择品种为面姜。供试肥料为尿素（含 N 46%）、磷酸二铵（含 N 10%，$P_2O_5$ 44%）、硫酸钾（含 $K_2O$ 60%）、生姜配方肥（16 - 4 - 20），硼砂（含 B 10.5%）和硫酸锌。

3. 施肥方案

常规施肥：农户习惯施肥，施磷酸二铵 90 千克/亩、尿素 75 千克/亩、硫酸钾 35 千克/亩。

配方施肥 1：施生姜配方肥（16 - 4 - 20）200 千克/亩，追肥如下：苗肥施配方肥 50 千克/亩，分枝肥施配方肥 90 千克/亩，膨大肥施配方肥 60 千克/亩；优化施肥、补充施用微肥。

配方施肥 2：在配方施肥 1 基础上，增施硫酸锌 2 千克/亩、硼砂 1 千克/亩。

4. 产量与经济效益（表 5 - 4）

表 5 - 4　生姜配方施肥经济效益

| 处理 | 产量（吨/亩） | 产值（万元/亩） | 投入（万元/亩） | 产投比 |
|---|---|---|---|---|
| 常规施肥 | 3.96 | 1.19 | 0.112 | 10.61 |
| 配方施肥 1 | 4.0 | 1.2 | 0.112 | 10.7 |
| 配方施肥 2 | 4.6 | 1.38 | 0.118 | 11.86 |

注：生姜 3.00 元/千克，优化施肥肥料 3.96 元/千克，配方肥料 3.3 元/千克，磷酸二铵 4 元/千克

# 第八节　水生类蔬菜

水生蔬菜指生长在水里可供食用的一类蔬菜，分为深水和浅水两大类。能适应深水的有莲藕、菱、莼菜等，作浅水栽培的有茭白、水芹、慈姑、荸荠等。

## 一、茭白

茭白又称茭笋、禾笋等，属禾本科多年生水生宿根植物。茭白由于黑穗病的寄生，分泌一种吲哚乙酸刺激素、刺激其嫩茎膨大，形成大的肉茎，即为茭白的食用部分。茭白是一种营养价值很高的蔬菜，肉质细嫩、入口轻韵、纤维素少、风味佳、无口滞感。双季茭一般在春季或夏秋季种植，可连收两季，故又称两熟茭。第一熟在当年秋季（9—10 月）采收，称为秋茭；第二熟在翌年夏季（5—6 月）采收，称为夏茭。

### （一）茭白的需肥规律

无论单季或双季茭白，由于生育期长，植株生长茂盛，因此对肥的需求量大。秋茭植株总体上含钾量最高，含氮量次之，含磷量最低。生长期至膨大前期，植株生长旺盛，养分吸收量增加，氮、磷、钾吸收量快速增加，其中磷的吸收量低于氮和钾。钾的吸收高峰在分蘖期，氮、磷的吸收高峰孕茭膨大初期。根据试验测产，每生产 1 000 千克茭白约需从土壤中吸收氮（N）13.5 千克、磷（$P_2O_5$）0.48 千克、氧化钾（$K_2O$）4.92 千克。

### （二）茭白的配方施肥技术

1. 基肥

春栽新茭田，一般每亩施腐熟堆厩肥 3 000 千克或人粪尿或草塘泥 3 000 ~ 5 000 千克、过磷酸钙 50 千克、尿素 25 千克、草木灰 100 千克或钾肥 30 千克。秋栽新茭田，一般每亩施腐熟有机肥 3 000 千克、过磷酸钙和草木灰各 50 千克。

2. 追肥

（1）提苗肥　在定植后 10 天左右，每亩施人粪尿 500 千克或尿素 5 千克。如基肥足，植株长势好，可不施提苗肥。

（2）分蘖肥　在第一次追肥后 20 ~ 30 天，每亩施腐熟粪肥 2 000 千克或尿素 20 千克，以促进茭白前期分蘖和生长，分蘖后期要保持植株稳健生长，一般不宜追肥，以免增加无效分蘖。

（3）孕茭肥　这是夺取秋茭早熟、丰产的关键。施肥过早，植株还未孕茭，引起徒长，推迟结茭；施肥过迟，赶不上孕茭需要，影响产量。一般在 8 月 15—23 日，即在茭墩中的植株有 10%～20% 植株假茎有些发扁时追肥，每亩施入 25% 三元复合肥 60 千克，或用尿素 25 千克、硫酸钾 15 千克、过磷酸钙 10 千克，以促进茭肉肥大，提高产量。

秋栽新茭田，当年生长期短，故在栽植后 10～15 天只追肥 1 次，每亩施腐熟粪肥 1 500～2 000 千克；老茭田追肥应掌握早而重的原则。由于翌年夏茭生育期短，从萌芽到孕茭只有 80～90 天，为争取在盛夏高温前结茭，及时追肥至关重要。一般在 2 月下旬至 3 月下旬追肥 2 次，以速效有机肥为主。当老茭墩开始萌芽时，第一次追肥 20 天后追施第二次肥，每次每亩施人畜粪或厩肥 3 000 千克。在第二次追肥时，若粪肥不足，也可施用一半粪肥，另外，在粪肥中加施尿素 15 千克代替，但不能全部施用化肥，以防茭肉品质降低，应以腐熟有机肥为主。

**（三）茭白的配方施肥案例**

以杭州市余杭区塘栖镇三星村菱白种植大户姚金海菱白基地茭白配方施肥为例，介绍如下。

1. 种植地概况

试验地土壤为水稻土青紫泥田土种，质地为黏土，肥力中等，有机质含量 54.5 克/千克，铵态氮 312 毫克/千克，速效磷 21.9 毫克/千克，速效钾 110 毫克/千克，pH 值 6.2。

2. 品种与肥料

选择品种为双季茭白。供试肥料为菱白配方专用肥（18 - 8 - 10），尿素（含 N 46%）、碳铵（含 N 17%）、过磷酸钙（含 $P_2O_5$ 12%）、氯化钾（含 $K_2O$ 60%）。

3. 施肥方案

常规施肥：农户习惯施肥，施碳铵 175 千克/亩、尿素 60 千克/亩、过磷酸钙 23.4 千克/亩、氯化钾 25.8 千克/亩。

配方施肥 1：施茭白配方肥（18 - 8 - 10）160 千克/亩，3 次追肥量为 35 千克/亩、45 千克/亩、50 千克/亩。

配方施肥 2：施茭白配方肥（18 - 8 - 10）124 千克/亩，3 次追肥量为 40 千克/亩、55 千克/亩、50 千克/亩；增施氮肥 34 千克/亩。

4. 产量与经济效益（表 5 - 5）

**表 5 - 5　茭白配方施肥经济效益**

| 处理 | 产量<br>（千克/亩） | 产值<br>（元/亩） | 肥料成本<br>（元/亩） | 纯收入<br>（元/亩） |
|------|------|------|------|------|
| 常规施肥 | 1 256.8 | 3 393.4 | 419.4 | 2 974 |
| 配方施肥 1 | 1 532.8 | 4 138.5 | 392 | 3 746.5 |
| 配方施肥 2 | 1 376.5 | 3 716.6 | 473.6 | 3 243 |

注：按照 2012 年市场批发价格计算，茭白 2.70 元/千克，尿素 2.40 元/千克，碳铵 0.95 元/千克，过磷酸钙 0.65 元/千克，氯化钾 3.60 元/千克，茭白配方专用肥 2.45 元/千克

## 二、莲藕

莲藕是睡莲科多年生水生草本植物，是最古老的双子叶植物之一，又具有单子叶植物的许多特征，原产于印度和中国，目前在中国、日本和一些东南亚国家和地区普遍种植。莲藕产品鲜藕、藕粉和莲子是公认的滋补食品，含有丰富的淀粉、蛋白质、多种维生素和矿质营养元素，是我国优良的特色蔬菜和副食佳品，具有很好的营养保健功能。近年来，随着我国农村种植业结构的不断调整和莲藕产品的大量迅速开发，莲藕出口创汇数量不断增加，已成为我国重要的出口蔬菜种类之一。

### （一）莲藕的需肥规律

莲藕是以膨大的地下根状茎为主要产品的高效经济作物，又是需肥量较大的作物。莲藕生长发育经过 3 个阶段：萌芽生长期、旺盛生长期、盛花以后到藕膨大充实的结藕期。一般每

亩莲藕大约需要从土壤中吸收纯氮（N）7.7 千克，纯磷（$P_2O_5$）3.0 千克，纯钾（$K_2O$）11.4 千克，莲藕对氮、磷、钾纯养分的吸收比例为 2∶1∶3。

**（二）莲藕的配方施肥技术**

1. 基肥

藕田基肥的施用量应根据土壤肥力而定。一般土质疏松，肥沃，有机质丰富，灌排方便的田块，基肥用量要占到整个生育期总施肥量的 70%，一般氮肥的基肥用量占总量的 50%～60%，钾肥的基肥用量占总量的 60%～70%，磷肥、锌肥和硼肥做基肥一次性施下即可。通常以充分腐熟的优质有机肥（农家肥）为主，每亩可结合整地施入农家肥 2 500～3 000 千克，以及过磷酸钙 50 千克，有条件的每亩还可再施入油渣饼肥 100～150 千克。一般每亩施生石灰 50～100 千克，时间以莲藕长出 2 片立叶时施入为好，要与氮肥或过磷酸钙的施入时间相隔 15 天左右，以防止降低其他肥料的肥效，并补施钙、硼、锌等微肥。

2. 追肥

莲藕生长时需肥量较大，在足量施用基肥的前提下，还要做到适期科学追肥。一般莲藕整个生育期追肥 3 次，早熟品种生长期追肥 1～2 次，晚熟品种则追肥 2～3 次。

（1）发棵肥　在 1～2 片立叶（定植后 25～30 天）时施用，结合中耕除草，每亩施尿素 15 千克或腐熟人畜粪尿肥 1 500～2 000千克、硫酸钾 7.5～10 千克，或高氮复合肥 20～25 千克。

（2）第二次在 5～6 片立叶（定植后 40～50 天，即封行时）施用，于植株封行前进行　每亩施用硫酸钾复合肥 50 千克。如果栽培的是晚熟品种，在结藕前还可以追施 1 次"结藕肥"。

（3）追肥在终止叶出现时进行　这时结藕开始，即为追藕肥，每亩施高钾型复合肥 15～20 千克。浅水藕田，施肥应选择晴朗无风天气的清晨或傍晚进行，每次施肥前放浅田水，将肥料溶入水中，施肥后 2 天再灌水至原来的深度，追肥后泼浇清水冲洗莲叶。对深水藕田，最好做成肥泥团施用，以防止肥料漂浮。施肥时注意不要踩伤莲鞭，以免影响结藕。

（4）叶面追肥　根外追肥一般在植株 5~6 叶期进行，可选 0.4% 磷酸二氢钾溶液加 0.03% 硼酸溶液进行叶面喷施。在莲藕生长期间，还可叶面喷施 0.01% ~0.05% 钼酸铵或钼酸苏打溶液 2 次，对莲藕抗病增产有较好的效果。

# 第六章　主要果树测土配方施肥实用技术

　　果树随季节的变化一年中要经历抽梢、长叶、开花、果实生长与成熟、花芽分化等不同的时期，即年周期。在年周期中，果树的需肥特性也表现出明显的阶段营养特性。其中，以开花期、花芽分化期、果实膨大期需肥的数量和强度最大。因此，果树的施肥应该根据整个生命周期和年周期的营养要求来确定肥料用量和合理配比，以提高产量和质量。

　　树体多年生长，具有储藏营养的特性。果树经过多年的营养吸收，树体内储藏了大量的营养物质，这些营养物质在夏末秋初由叶片向树体回运，春季又由树体向新生长点调运，供应前期芽的继续分化和枝叶生长发育的需要。储藏营养是果树安全越冬、来年前期生长发育的物质基础。果树在春季抽梢、开花、结果初期所用的养分80%来自树体储藏的营养物质。

　　树体营养和果实营养要协调一致。在果树的年周期中，营养生长和生殖生长有重叠或交叉，容易形成果树各器官对养分的竞争。如偏施氮肥，会导致营养生长过旺，枝叶徒长，花芽分化不良，果实也会着色不良，糖少酸多，影响品质。反之，如果施氮不足则营养生长不良，也不能正常发育。因此，在果树生产中必须保持营养生长和生殖生长的平衡，保证高产、稳产。

## 第一节　仁果类

### 一、苹果

#### （一）苹果树根系的特点

　　苹果的根系由骨干根、须根和吸收根组成。在疏松土壤上骨干根可深达2~3米，在瘠薄的山地土壤中往往只有30厘米左右。吸收根是在生长季节中，在须根的先端出现短小的白色新根，根上布满白色绒毛状根毛，养分、水分通过根毛进入树体。吸收根主要分布在 10~14 厘米处。

幼树根系的水平伸展比树冠扩展快，为树冠的 2~3 倍。成龄后，由于耕作、施肥和环境因子的影响，根系水平分布区大体与树冠外缘相适应。

1. 苹果根系的生长

苹果根系全年均可生长，在常规栽培条件下，全年有 2~3 次生长高峰。成龄树多为 2 次，幼龄树多为 3 次。

第一次根系生长的高峰多在萌芽前开始到新梢旺盛生长期。当春季土壤温度在 3~4℃ 时，根系开始生长，从 3 月中旬开始到 4 月中旬达到高峰。这次发根高潮时间短、发根多，主要依靠树体储藏营养。以细长根为主，这类根系生长期长，可发育成骨干根，在树冠外围的发根势较强。生产中常通过秋冬施肥来增加树体储藏营养，以满足发根高潮时对养分的吸收。

第二次根系生长的高潮在春梢将要停止生长和花芽分化之前。通常在 6 月底至 7 月初。此次发根主要是生长细根及网状根，是全年发根最多时期。在树冠范围的中部发根势较强，这与树冠不同投影部分的温度、水分有关。夏季生长的这类须根生长期短、容易死亡，夏季的干燥高温往往会加速这一进程。土壤表面的吸收根，从生长到木栓 1~3 天，降低了根系的吸收作用。生产中常采用花芽前追肥，是由于此次追肥满足了长根和花芽分化所需的大量养分，根系的大量生长又促进了养分的吸收，从而改善了整个树体的营养状况。随着秋梢生长、果实膨大及花芽的大量分化，根系生长转入低潮。

第三次根系生长的高潮多在秋梢缓长之后出现。常在 9 月上旬至 11 月下旬。此次发根量也较多，这时的细长根多半能长成骨干根。早施秋基肥有利于这次根系的生长。

2. 根系生长对土壤条件的要求

苹果属于深根性果树，要求土层深厚的土壤，土层应达到

0.8 米以上。苹果适宜种在肥沃壤土上，既能保水保肥，又能透水透气。土壤有机质达 3% 左右，有利于地上部和根系生长。苹果喜微酸性到中性土壤（pH 值为 5.5～6.7）。在酸性土上种植的苹果树易缺磷、钙、镁；碱性土上的苹果则易缺铁、锌、硼、锰。

苹果根系生长与土壤含水量也有关系，土壤干旱时，根系分叉多、粗短。当土壤含水量低于田间持水量的 20% 时根系生长停止，地上部分严重受害。以田间持水量的 60%～80% 为宜。

**（二）苹果树的营养**

苹果树各器官中各主要矿质元素的含量均以叶部最高，其次是结果枝和果实，而以根中养分含量最低（表 6-1）。

表 6-1　苹果树各器官主要营养元素含量　　　（%）

| 营养元素 | 果实 | 叶 | 营养枝 | 结果枝 | 树干和多年生枝 | 根（粗、细） |
|---|---|---|---|---|---|---|
| 氮 | 0.4～0.80 | 2.30 | 0.54 | 0.88 | 0.49 | 0.32 |
| 磷（$P_2O_5$） | 0.09～0.20 | 0.45 | 0.14 | 0.28 | 0.12 | 0.11 |
| 钾（$K_2O$） | 1.20 | 1.60 | 0.29 | 0.52 | 0.27 | 0.23 |
| 钙 | 0.10 | 3.00 | 1.42 | 2.73 | 1.28 | 0.54 |

各器官中养分含量随着生长季节的不同而发生动态变化。在早春，叶片中氮、磷、钾含量最高，随物候期进展而逐渐减少，至果实膨大高峰期，叶片中各种养分最少。晚秋后，各种养分含量又有所回升。枝条中养分含量，尤其是氮的含量，以萌芽期、开花期为最多，随生长期推进而逐渐减少。7 月以后含量最少，但至落叶期，枝条中氮、钾含量再度增加，而磷的含量变化不大。同样，果实内养分含量也是有变化的。一般幼果养分含量高，成熟时体内碳水化合物比重大，因而主要矿质养分的含量（%）下降。

一般每生产 100 千克苹果需要氮 0.3 千克，磷（$P_2O_5$）0.08 千克，钾（$K_2O$）0.32 千克。

1. 氮

叶片中含氮2%~4%（以干物计），平均2.3%左右。它主要分布在树体生长旺盛的部位，以叶、花、幼果和根尖、茎尖等器官中含量最多。

苹果树对氮的吸收可分为三个时期。第一个时期是从萌芽到新梢迅速生长期，为最大需氮期，所需氮素养分主要依靠前一年的储藏养分。第二个时期是从新梢旺长到果实采收前，吸氮速度变小而平稳，属氮素营养稳定期，各种形态的氮均处于较低水平。第三个时期是从采收前夕开始到养分回流，为根系再次生长和养分贮备期。

氮与苹果的营养生长密切相关。氮素充足时枝繁叶茂，树势健壮。缺氮时光合作用降低60%以上。树体含氮适宜，叶面积大，叶绿素多，因而光能利用率高。同时氮素充足，幼嫩枝叶多，赤霉素含量高，可以促进气孔的开张，提高光合效率。氮能提高果枝的活力，促进花芽分化和提高坐果率，促进果实增大，产量提高。但氮素水平过高，对产量和果实品质、风味均有不利影响。氮素营养水平不仅影响苹果地上部的生长，而且对根系生长和养分吸收也有深刻影响。

2. 磷

苹果根系对土壤中磷的吸收能力强，既能吸收水溶性磷，也能吸收弱酸溶性磷，甚至难溶性磷。这可能与果树及真菌形成的菌根有一定关系。苹果树体吸收到的磷，可从老叶移向幼叶，也可以从幼叶运向老叶；既可以向上迁移，也可向下迁移。

磷有利于碳水化合物的形成，促进糖分运转，不仅能提高产量、含糖量，也能改善果实的色泽。磷营养水平高时，可有较充足的糖分供应，促进根系生长，提高吸收根的比例，而改善树体从土壤中吸收养分的能力。磷能使果树及时通过枝条生长阶段，使花芽分化阶段来临时，新梢能及时停止生长，促进花芽分化，增加坐果率。磷还能增强树体抗逆性，减轻枝干腐烂病和果实水心病。据陕西省凤县的试验结果（两年平均），单施氮，水心病发病率为 62.2%，而氮、磷配合施用时仅为 23.4%，效果十分明显。磷对氮素营养也有调节作用。

苹果树缺磷时，花芽形成不良，新梢和根系生长减弱，叶片变小。积累的糖分转化为花青素，使叶柄变紫，叶片出现紫红色斑块，叶缘出现半月形坏死。此外，果实色泽不鲜艳。但含磷过高，会阻碍锌、铜、铁的吸收，引起叶色黄化，当叶片磷、锌比值大于 100 时，将出现小叶病。

3. 钾

钾在茎叶幼嫩部位和木质部、韧皮部的汁液中含量较高。在苹果的树干、多年生枝条和根中钾的含量较少。然而随着物候期的变化，各器官中含钾量也发生变化。晚秋，树体进入休眠期时，有许多钾转移到根部，也有一部分钾随落叶返回到土壤中。

苹果需钾量大，增施钾肥能促进果实肥大，增加果实单个重。试验结果表明，钾浓度从 10 毫克/千克提高到 100 毫克/千克，红玉和国光苹果的单果质量分别从 136 克和 94 克提高到 211 克和 207 克，而且高钾处理的苹果含糖高，色泽也较好。

氮、钾配合施用并保持适宜的比例对苹果产量、品质、发病率、着色度都有明显影响（表 6－2）。

表 6－2　氮、钾不同配比对苹果（国光）果实的影响

| 培养液氮:钾 | 干周（厘米） | 收果（个/株） | 平均果质量（克） | 糖分（%） | 酸（%） | 苦痘病发病率（%） | 着色度 | 叶部症状 |
|---|---|---|---|---|---|---|---|---|
| 1:8 | 16.2 | 31 | 153 | 16.4 | 0.99 | 29.8 | + | 脉间黄化（缺镁） |
| 1:4 | 17.4 | 35 | 176 | 14.7 | 0.90 | 7.2 | +++ | 正常 |
| 1:2 | 18.2 | 39 | 162 | 14.5 | 0.84 | 0 | +++ | 正常 |
| 1:1 | 18.8 | 36 | 144 | 15.2 | 0.92 | 0 | +++ | 正常 |

（续表）

| 培养液<br>氮∶钾 | 干周<br>（厘米） | 收果<br>（个/株） | 平均果<br>质量<br>（克） | 糖分<br>（%） | 酸<br>（%） | 苦痘病<br>发病率<br>（%） | 着色度 | 叶部症状 |
|---|---|---|---|---|---|---|---|---|
| 2∶1 | 19.3 | 37 | 181 | 15.0 | 0.76 | 75.0 | + | 正常 |
| 4∶1 | 17.4 | 35 | 156 | 15.1 | 0.74 | 100 | — | 叶焦<br>（钾缺乏） |
| 8∶1 | 12.9 | 13 | 109 | 11.0 | 0.65 | 100 | — | 叶焦<br>（钾缺乏） |
| 1∶0 | 18.9 | 17 | 74 | 12.2 | 0.61 | 0 | - | 叶焦<br>（钾缺乏） |

4. 钙

苹果各器官含钙量有较大差异，在叶片中含量较多。果实含钙量 0.1%，叶片为 3%，营养枝为 1.42%，结果枝为 2.73%，树干和多年生枝中为 1.28%，根系为 0.54%。Terblanche 报道，树体全钙的分布是：根部占 18%，干材占 40%，树皮占 11%，叶片占 13%，果实占 18%。

钙在树体内再利用率很小，一旦进入叶片，通常就很难再流出供应其他器官，因此，老叶中含钙量最多。Wieke 指出，虽然钙移动性小，但翌年春季从树体中重新动用的钙能提供新梢、叶片、果实所需钙的 20%~25%。足量的钙除能保护细胞膜组织，还可提高苹果的品质，延长果实的保质期。

苹果树整体缺钙比较少见，但果实缺钙却比较普遍。通常，果实含钙量较低，是其临近叶片含钙的 1/40~1/10。果实吸钙的特点：在幼果发育 3~6 周是果实吸钙的高峰期，到 7 月上旬，果实总需钙量的 90% 已进入幼果，这一时期是苹果钙素营养的临界期，必须保证幼果有充足的钙素营养。果实缺钙主要原因：一是树体吸钙量不足，与根系强弱、新根多少、蒸腾作用、土壤酸度、土壤活性钙的数量等因素有关；二是钙在树体内分配不当，苹果幼果吸钙高峰期与新梢旺盛生长期几乎出现在同一时期，若此期氮素较多，则枝叶旺长，会争夺大量的钙素，导致果实出现低钙；三是雨水多，果实迅速膨大，导致钙被稀释，相对浓度下降。

钙素不足时，根系粗短弯曲，根尖回枯，地上部新梢生长受阻，叶片变小褪绿。幼叶边缘四周向上卷曲，严重时叶片出现坏死组织，枝条枯死、花朵萎缩，果实易腐烂，树体易发生病害。Fast 发现，苹果果皮中钙低于 700 毫克/千克或果肉中低于 200 毫克/千克易产生苦痘病、软木酸病、心腐病、水心病、裂果等生理性病害，尤其在高氮低钙的情况下更易发生。

### （三）苹果树施肥技术

1. 氮肥的施用

（1）氮肥的适宜用量　据全国果树化肥试验网的资料，不同树龄的适宜氮量（每株）为：未结果树 0.25 ~ 0.45 千克；生长结果期树 0.45 ~ 0.9 千克；结果生长期树 0.9 ~ 1.4 千克；盛果期树 1.4 ~ 1.9 千克。氮肥过少或过多都有降低产量的趋势。武继含等在黄河故道区对盛果期苹果树进行不同氮肥用量试验指出，以株施氮肥 1.25 千克效果最好，不仅增产幅度大，而且果实品质也有明显改善，炭疽病、轮纹病感染率下降 2.64%。又据烟台、渭北地区的丰产经验，每 100 千克果实施氮 0.8 ~ 1 千克为宜。

（2）氮肥的适宜施用时期　氮的施用时期直接影响苹果树营养生长和生殖生长的平衡与协调。岳群光等（1978）的试验表明，不同生育时期施用氮肥，其作用方向总是促进当时生长发育活跃器官的形成。如在采收后和早春施用氮肥，可促进新梢的生长，健壮树势；花前追肥可促进新梢生长，提高坐果率；花芽分化前后追施氮肥，可促进花芽分化提高果实产量，也可导致秋梢生长过旺和果实品质下降；采收前 2 ~ 3 周追施氮肥，可以提高单果重量，但也能导致秋梢旺长和果实品质下降。因此，掌握好施肥适宜时期是苹果施肥的关键之一。

氮肥主要以追肥方式施入。通常可在下述五个时期追施氮肥，但对具体果园来说，只需根据树势选择其中 1～2 个时期施入氮肥即可。

①芽前或花前追肥。开花前苹果既要开花结果，又要长叶发枝，氮素养分的供求矛盾比较突出，此时追施氮肥既可明显提高坐果率，又能促进枝叶生长。陕西省果树研究所的研究结果表明，此次追肥时间早，效果好，即使迟至花期施用，仍有保果作用。但花前追肥的保果效果因树而异，旺树有相反作用。②花后追肥。花后树体营养物质运转中心已转移到新梢上，因而花后追肥可以显著地促进新梢的生长。也有资料认为，花后追肥可减少采前落果数从而增加果实采收量。但是，此次氮肥用量过多时，将明显降低坐果率。③花芽分化前追肥。花芽分化前追肥，可以促进花芽分化，增加花芽数，提高花芽质量，增加翌年坐果率，对当年果实膨大也有好处。许多试验资料表明，花芽分化前是苹果树施氮最大效能期。氮肥施用过多，易延迟春梢生长或大量促生二次枝，对花芽分化不利。因为大部分花芽，特别是顶花芽，必须在枝叶停止生长后才开始分化。因此，一定要掌握好氮肥用量。施用时期以春梢生长缓慢、部分停止生长时为宜。当树体营养生长过旺时，应停止这一次氮肥的施用，结合短期干旱和合理修剪，以控制营养生长，促进花芽分化。④果实膨大期追肥，能促进果实生长，并能促进叶片的同化作用和提高花芽质量。但这次追氮量过多，将导致果实品质的下降和秋梢生长，降低树体的越冬能力。⑤秋季追肥。苹果树春季新梢生长及开花坐果，主要是利用前一年秋季储藏在树体内的养分。本次追肥可以促进叶片的同化作用，增加树体储藏养分，提高花芽质量，对翌年春梢生长、坐果都有明显影响。秋季追肥宜在秋梢停止生长后尽早进行。

总之，追肥是调节苹果树生长结果的积极手段，无论什么时候施肥都有一定增产效果。但也并不是施肥次数越多越好，至于具体苹果园应几次追施氮肥，何时施用，应根据树势灵活掌握。总的原则是，树势弱的以增强树势提高坐果率为主攻方向时，应侧重秋季及翌年花芽分化前追肥；树势壮的主攻方向是促进花芽形成，以花芽分化期前的追肥为重点。为了克服苹果树的大、小年，在"大年"时氮肥施用重点放在花芽分化前，可促使翌年的"小年"形成更多的花芽，使之提高产量；"小年"时，氮肥应重点促进营养生长，增强树势，以秋季和春季追肥为主。

2. 磷、钾肥和有机肥的施用

磷、钾肥和有机肥除施入定植穴外，每年还应以基肥形式施入这些肥料。基肥要早施，秋施基肥比春施好，早秋施用又比晚秋或冬季施用好。秋施基肥时，根系正处于生长高峰期，断根愈合快，有机肥矿化速率大，部分营养可被树体当年利用，对满足树体春天萌芽、开花、结果、生长发育都有重要作用。同时，磷、钾肥的施入有利于诱根下扎，更好地利用深层土壤中的养分和水分，并利于提高抗逆性。

磷肥、钾肥也可做追肥施用，目的在于提高果品质量，促进花芽分化。一般多在生育后期施用，可施入土中，也可采用喷施方法。

3. 苹果树施肥

测定苹果树土壤养分状况，根据土壤肥力应用测土配方施肥技术确定施肥量和施肥方法，或采用推荐施肥量。每亩氮肥用量为 24～36 千克（折合尿素为 52～78 千克），磷肥用量为 6.4～9.6 千克（折合磷酸二铵为 14～21 千克），钾肥用量为 12.8～19.2 千克（折合硫酸钾为 26～39 千克），腐熟的优质农家有机肥料用量为 4 000～5 000千克。

（1）基肥　腐熟的优质农家有机肥料用量为 4 000～5 000 千克，全部做基肥，配合适量的化肥。基肥的施用时间一般在上一年的9—10月进行，有利于果树充分吸收利用，确保果树健壮生长。施肥方法一般采用环状沟施法或放射状施肥。施肥沟深度以 30～60 厘米为宜。

（2）追肥 追肥应以速效化肥为主，根据土壤肥力状况、树势强弱、产量高低以及是否缺少微量元素等来确定施肥种类、数量和次数，每年追肥 1~2 次。①花前肥在早春萌芽前进行，肥料以施氮肥为主，配施适量的磷钾肥，以满足花期所需养分，提高坐果率，促使新梢生长。②花后肥应在花谢后进行，肥料以磷钾肥为主，配施适量的氮肥，以减少生理性落果，促进枝叶生长和花芽分化。③果实膨大期追肥以施钾为主，配施适量的氮磷肥，以增加树体养分的积累，促进果实膨大，确保着色和成熟，提高果品产量和质量。

追肥方法一般采用放射状沟施肥和环状沟施肥法。施肥沟深度一般为 15~20 厘米，施入肥料后盖土封严，若土壤墒情差，追肥要结合浇水进行。

为了迅速补充果树养分，促进苹果增个、保叶，可采取根外追肥的方法。将肥料溶液喷洒在苹果树叶片上，通过苹果叶片吸收利用，保证苹果正常生长和预防缺素症。追肥时间一般应在 9~11 时或 14~16 时进行，避开中午高温阶段，喷洒部位应以叶背为主。尿素在萌芽、展叶、开花、果实膨大至采果后均可喷施，施用浓度早期用 0.2%~0.3%，中后期用 0.3%~0.5%。磷酸二氢钾，喷施浓度早期用 0.2%，中后期用 0.3%~0.4%。

4. 苹果树的中量、微量元素失调及矫治

苹果树体中营养元素含量不足或比例失调都会产生营养障碍，引起各种生理病害。矫治苹果树的营养障碍首先应进行树体营养诊断，可依据叶片分析数据来判别树体的营养状况。

（1）钙 苹果缺钙一般施用钙肥加以矫治。生产中可以石膏、石灰、过磷酸钙和其他钙质肥料与有机肥一起作基肥，也可采用根外喷施方法。据研究，采前 8 周以 0.3% 硝酸钙水溶液喷施，连喷 4 次，每次间隔一周，可以有效地防治苦痘病。周厚基等试验证明，盛花后 3 周、5 周和采前 10 周、8 周，一年 2~4 次对苹果树喷施 0.5% 的硝酸钙，可使水心病病果率从

25%下降到8%。对于水心病的防治除上述方法外，施用硝磷复合肥也可以减轻水心病的发生，单施钾肥有加重水心病的趋势，适时早采也可以减轻水心病的发生。

（2）硼　当苹果叶片含硼量为0.2～5.1毫克/千克就可能出现缺硼症。缺硼时，苹果树可以繁花满树而果实稀少，同时，根尖、颈尖受害，新梢尖端枯萎，枝条回枯，严重时可枯死到三年生枝。缺硼时普遍出现"枯梢""簇叶""扫帚枝"，果实出现缩果病，果肉和果实表面出现木栓、干斑。但是，硼过量会促进果实早熟并增加落果量，严重时，叶片全部呈褐色、干枯而死。

矫治苹果缺硼，可在盛花期喷0.2%～0.4%的硼砂溶液。缺硼严重的树，可在萌芽前向土壤施硼砂，每株施100～250克，施后，可显著增加坐果率，提高单果重和总产量。

（3）铁　苹果叶片中含铁量低于150毫克/千克就可能缺铁，出现缺铁症。苹果缺铁时幼叶首先出现失绿黄化现象。开始叶脉为绿色，叶肉黄化，严重时叶脉也黄化，叶片出现褐色枯斑，最后枯死脱落。缺铁苹果树的树势衰弱，花芽形成不良，坐果率差。

关于苹果缺铁症矫治，至今还没有理想的方法。某些方法常常是治标不治本或仅引起缓解和减轻作用。国外常用的螯合铁有乙二胺四乙酸铁、二乙酸铵五乙酸铁，因价格昂贵，生产上无法广泛使用。国内常用的螯合铁有黄腐酸铁、尿素铁等，喷施螯合铁数次，有较好效果。用0.1%～0.5%乙二胺四乙酸铁注射树干也有明显效果，一星期内黄化叶子可以复绿。硝酸亚铁、硝酸亚铁铵、氨基酸铁、柠檬酸铁，也有不同程度的效果。采用绿肥、有机肥覆盖树干周围的土壤，对矫治苹果树缺铁黄化也有一定的成效。

（4）锌　苹果树缺锌时新梢或枝条生长受阻，出现小叶病，叶片狭窄、质脆、小而簇生。有的枝条只有顶端几个芽眼生出簇叶，其他芽眼不长叶或叶片脱落，呈"光腿"现象，严重缺锌时枯梢，病枝花果少、小，且畸形。

矫治苹果小叶病的主要措施是施锌肥。常用锌肥有硫酸锌、氧化锌、氯化锌。在生长期内，特别在盛花后 3 周左右喷施 0.1% ~ 0.3% 硫酸锌有良好效果，锌溶液中加入 0.5% 尿素的效果更为明显。环烷酸锌（300 毫克/千克）和尿素（300 ~ 500 毫克/千克）混合喷施也有较好效果。

## 二、桃

桃树是喜光的小乔木，结果早，衰弱快，寿命短。桃果营养丰富、味道鲜美，是人们最为喜欢的鲜果之一。除鲜食外，桃果还可加工成桃脯、桃酱、桃汁、桃干和桃罐头等。

### （一）桃树的需肥特性

氮、磷、钾三元素对桃树的生长发育起着重要的作用。桃树白氮、磷、钾需肥量是确定施肥量的重要依据。

**1. 氮**

桃树对氮肥特别敏感。桃在幼树期，如果施氮肥过量，常引起徒长，难成花，花芽质量差，投产迟，落果多，流胶病重。特别是土壤肥沃、肥水充足园地的健壮树，谢花后施氮肥过多，常引起枝梢猛长，落果特重。桃在果实生长后期，如果施化学氮肥过多，则果实糖低味淡，风味差；而在盛果期需氮肥多，如果氮不足，易引起树势早衰，盛果期缩短。弱树如果氮素不足，又会引起枝梢细短，叶黄果小，产量和品质下降。桃在衰老期，氮素充足，可促进多发新梢，推迟衰老进程；反之，氮不足则会加速衰老，缩短植株寿命。

**2. 磷**

桃树需磷比氮、钾少。磷的主要作用是促进传粉受精，增加果实含糖量和促进花芽形成。缺磷时果实晦暗，肉质松软，味酸，果实有时有斑点或裂皮。

3. 钾

桃树对钾的需求量较大。增施钾肥对增大果实和提高品质有显著作用。如果供钾不足，则桃树叶片变小，色变淡，叶缘枯焦，叶片出现黄斑，早落，果实较小，落果重。

此外，桃树吸收最多的中量、微量元素是钙，其中叶片对钙的需求量最多，其次是新梢和树干，再次为果实，因此要注意钙的供应。桃树对其他中量、微量元素镁、铁、硼、锌、锰也都比较敏感，供应不足时会出现缺素症。

**（二）桃树的施肥技术**

1. 施肥量

根据桃产区测定，每产 100 千克果实，需纯氮 0.5 千克，纯磷 0.2 千克，纯钾 0.6 ~ 0.7 千克。加上根系枝叶生长的需要，雨水的淋洗流失和土壤固定，土壤肥力中等的桃园，每年的施肥量应为果实带走的 2 ~ 3 倍。具体施肥数量可根据各地的测土数据按土壤养分丰缺指标法确定。

2. 施肥方法

（1）基肥　基肥以有机肥为主，配合适量的化肥，宜在秋季施入。一般亩施农家肥 3 000 ~ 3 500 千克或商品有机肥 400 ~ 450 千克，磷酸二铵 13 ~ 17 千克，尿素 6 千克，硫酸钾 5 千克。

（2）追肥　①促花肥的施用。促花肥多在早春后开花前施用，施用的肥料以氮肥为主，约占年施肥量的 10%。促花肥多结合开春后的灌水同时进行，每亩施尿素 4.3 ~ 10.9 千克。若基肥的施用量较高或冬季已施用基肥，则促花肥可不施或少施。②坐果肥的施用。坐果肥多在开花之后至果实核硬化前施用，主要是提高坐果率，改善树体营养，促进果实前期的快速生长。坐果肥以氮肥为主，配合少量的磷钾肥，用量占年施用量的 10% 左右，每亩的氮肥用量为尿素 4.3 ~ 10.9 千克。③果实膨大肥的施用。果实膨大肥在果实再次进入快速生长期之后施用，中晚熟品种的果实膨大期与花芽分化期基本吻合，此时追肥对促进果实的快速生长、促进花芽分化以及为来年生产打好基础具有重要意义。果实膨大肥以氮钾肥为主，根据土壤的供磷情况可适当配施一定量的磷肥。施肥用量占年施用量的 20% ~ 30%，每亩施尿素为 8.6 ~ 20.8 千克，硫酸钾 10 ~ 25 千克。根据需要可配施过磷酸钙 10 ~ 30 千克。

（3）根外追肥　初花期喷施 0.2% ~ 0.3% 硼砂可提高坐果率，果实膨大期喷施 0.2% ~ 0.3% 的硝酸钙可以提高果实的硬度。缺锌时可叶面喷施 0.1% ~ 0.2% 的硫酸锌，缺铁时可用 0.3% 硫酸亚铁与 0.5% 尿素的混合液喷施，缺钾时可喷施 0.2% ~ 0.3% 磷酸二氢钾 2 ~ 3 次。

### 三、梨树

#### （一）梨树根系特点

梨树和苹果树一样，属深根性果树，垂直深度可达 2 ~ 3 米，60% 的根系集中分布在 30 ~ 60 厘米处。

1. 梨树根系的生长

梨树根系的生长每年有两次高峰。第一次在 5 月底至 6 月初，新梢停止生长后，根系生长最快，形成第一次生长高峰。第二次根系的生长高峰是在 10 ~11 月，因此果实采收后应进行秋季深耕施肥，有利于梨树积累储藏营养，同时由施肥所损伤的根系也容易恢复。

2. 根系对土壤的要求

梨树对土壤条件要求不严格，山地、平原、河滩地都可种植，但仍以土层深厚、土质疏松、排水良好的沙壤土较好。梨树喜中性偏酸性的土壤，但在 pH 值为 5.8 ~ 8.5 时均能生长良好。

#### （二）梨树的营养

梨树各器官中养分的含量以叶片养分的含量最高，其次是结果枝和果实。但磷的含量是结果枝最高，其次是叶片和根部，营养枝、树干和多年生枝最低（表 6 - 3）。

表 6 - 3　梨树各器官主要营养元素含量　　　　（%）

| 营养元素 | 果实 | 叶 | 营养枝 | 结果枝 | 树干和多年生枝 | 根（粗、细） |
|---|---|---|---|---|---|---|
| 氮 | 0.41 ~ 0.70 | 2.25 | 0.57 | 0.99 | 0.52 | 0.40 |
| 磷（$P_2O_5$） | 0.10 ~ 0.25 | 0.32 | 0.11 | 0.40 | 0.09 | 0.17 |
| 钾（$K_2O$） | 1.10 | 1.5 | 0.34 | 0.51 | 0.33 | 0.34 |
| 钙 | 0.20 | 2.00 | 1.42 | 2.61 | 1.29 | 0.52 |

梨树对氮的吸收高峰在 5 月，由于新梢扩展对氮的吸收量增加，因果实发育的需要，7 月又形成对氮吸收的第二个高峰。梨树对氮和钾的吸收相似。梨树对磷的吸收变幅不大，新梢生长引起的高峰值在 5 月，以后逐渐减少。

据测算每生产 100 千克果实，需要吸收氮 0.47 千克，磷（$P_2O_5$）0.23 千克，钾（$K_2O$）0.48 千克，幼树期氮、磷、钾的比例一般为 1∶0.5∶1 或 1∶1∶1，结果期适宜的氮、磷、钾比例为 2∶1∶3 或 1∶0.5∶1。

1. 氮

氮素的供应水平直接影响果实的大小、品质和风味。如果早期停止氮素的供应，果实产量低但含糖高。如果氮素一直充分供应则果实大、产量高，但因氮素过多果实的含糖量降低。林氏等对 20 世纪梨进行沙培试验，结果见表 6 - 4。

表 6 - 4　氮素停用时期与果实大小、糖分的关系

| 停施时间（月/日） | 果重（克） | 横径（毫米） | 全糖（以每100毫升果汁计，克） | 还原糖（以每100毫升果汁计，克） | 非还原糖（以每100毫升果汁计，克） |
|---|---|---|---|---|---|
| 6/1 | 199.0 | 75.7 | 9.3 | 5.2 | 4.1 |
| 6/15 | 216.0 | 79.3 | 9.1 | 4.1 | 5.0 |
| 7/1 | 270.0 | 82.6 | 8.8 | 5.4 | 3.4 |
| 7/15 | 277.0 | 84.1 | 7.8 | 5.6 | 2.2 |

（续表）

| 停施时间<br>（月/日） | 果重<br>（克） | 横径<br>（毫米） | 全糖（以每100<br>毫升果汁计，克） | 还原糖（以每100<br>毫升果汁计，克） | 非还原糖（以每100<br>毫升果汁计，克） |
|---|---|---|---|---|---|
| 8/1 | 293.0 | 85.3 | 7.7 | 5.1 | 2.6 |
| 8/15 | 296.0 | 84.9 | 6.8 | 5.8 | 1.0 |
| 9/1 | 302.0 | 85.5 | 7.0 | 6.2 | 0.8 |

2. 磷

磷能明显促进细胞分裂，使梨果的细胞数量多，梨的个体大，有利于发新根，花芽分化也多。梨树对磷的需要量比较少，抗缺磷的能力比较强，在种植草莓和蔬菜的土壤上已表现缺磷，梨树仍然能正常生长。当梨树磷素供应不足时，叶色呈紫红色，尤其是春季和夏季生长较快的枝叶几乎都呈紫红色。

3. 钾

梨树对钾的需要量与氮相当。适量的钾能促进细胞和果实增大，提高梨果的含糖量。梨树缺钾时当年生的枝条中下部叶片边缘产生枯黄色，或呈焦枯状，叶片常发生皱缩或卷曲。严重缺钾的梨树可整叶枯焦，挂在枝上不易脱落。枝条生长不良，果实常呈不熟的状态。

4. 钙

梨树对钙的吸收接近于氮和钾，周年吸收动态是叶片中钙的含量由春季展叶到秋季落叶呈逐渐增加的趋势，梨树果实迅速膨大期需要大量的钙。钙素不足，梨树容易产生生理病害，如缺钙的鸭梨易感染黑心病。据研究，果实中氮、钙的比值也影响黑心病的发病程度，健康的鸭梨果实氮、钙比为6.8：1，而病果的氮、钙比为9.2：1。

（三）梨树施肥技术

取土测定土壤养分状况，根据土壤肥力应用测土配方施肥技术确定施肥量和施肥方法，或采用推荐施肥量。每亩氮肥用量为28.8~38.4千克（折合尿素为63~84千克），磷肥用量为20.7~27.6千克（折合磷酸二铵为45~60千克），钾肥用量为28.8~38.4千克（折合硫酸钾为58~77千克），腐熟的优质农家有机肥料的用量为4 000~5 000千克。

1. 基肥

秋季采果后至落叶前结合深耕深翻施入土壤中，以有机肥为主配合适量化肥。其中，氮、钾肥占总施肥量的50%，磷肥占总施肥量的70%。

2. 追肥

我国梨园通常根据树势在下列各时期中选择2~3个时期追肥。

（1）花前追肥　早春芽萌动、开花、发叶、抽枝都需要消耗大量的养分，新梢开始生长时，树体储藏的养分基本用完，此时需要大量的氮素供应。此次追肥以氮肥为主。如果树势强壮，花芽太多，为了控制花果量也可不施用花前肥，改施用花后肥。

（2）花后追肥　在花期内或花后新梢旺盛生长期之前施用。目的在于促进枝叶生长和促进花芽分化。肥料用量不宜过多，以免引起新梢生长过旺，影响花芽和果实的膨大。

（3）果实膨大追肥　通常在春梢生长停止前施用，除了施用氮肥外还要施用磷钾肥，特别是钾肥，避免偏施氮肥，影响果实的品质。

### 四、山楂

山楂，别名红果子、棠棣子、鼠查、赤爪实、山里红果、酸枣、鼻涕团、山里果子、映山红果、海红、羊棣，为蔷薇科山楂属多年生木本植物。山楂原产我国，是我国特有的树种之一，已有3 000多年的栽培历史。分布广，主产于华北及河南、山东、辽宁、江苏、陕西、安徽等地。

**（一）山楂的需肥特性**

山楂树根系发达，主要分布在地表下 10～60 厘米土层内，根系的水平范围为树冠的 2～3 倍，适应性强，喜肥喜水，结果早，寿命长，产量高，每棵山楂树每年可产 30～60 千克果实。山楂树生长发育所需的主要营养元素有氮、磷、钾、碳、氢、氧、钙、镁、硫、铁、硼、铜、锌、钼等。养分吸收量较大的时期主要有萌芽期、开花期、果实膨大期，这 3 个时期应适时施肥，以满足山楂树的生育期的营养需要。

**（二）山楂树配方施肥技术**

1. 山楂树的施肥量

目前，我国山楂生产施肥水平不高，在施肥时应根据树龄、产量、生长状况和土壤肥力、地势、气候、农业技术、肥料种类等综合因素确定一般的施肥量，并通过具体生产实践逐步调整。

山西晋城陈沟乡西头村施肥量掌握在"产 1 千克山楂，施圈粪 2 千克"；而山东泰安栏沟村在间种的情况下，一般采用"斤顶斤，挑顶挑"的施肥量，就是产多少山楂施多少粗圈肥。两村的农业技术不同，施肥量不同，但均获连年丰产的效果。

山楂对微量元素肥料的需要量较少，主要靠有机肥和土壤提供，如有机肥施用较多，可不施或少施微量元素肥料，有机肥施用较少的可适当施用微量元素肥料，实际的微肥用量以具体的肥料计做基肥施用量：硼砂每亩用量 0.25～0.5 千克，硫酸锌每亩用量 2～4 千克，硫酸锰每亩用量 1～2 千克，硫酸亚铁每亩用量 5～10 千克（应配合优质的有机肥一起施用，用量比为有机肥与铁肥 5∶1）。微肥也可进行叶面喷施，喷施的浓度根据叶的老化程度控制在 0.1%～0.5%，叶嫩时宜稀，叶较老时可浓一些。

2. 山楂树的施肥技术

（1）基肥　基肥是山楂生长期间需要的基础肥料。一般结合秋翻施入，在果实采摘后至土壤结冻前及时施入，以早施为好，这样可促进树体对养分的吸收积累，有利于花芽的分化。基肥的施用主要以有机肥为主，配合一定量的化学肥料。具体施用量应根据果树的大小及山楂的产量确定，一般幼树每株施优质有机肥50～75千克和山楂树专用肥1～2千克，混匀后施入。结果成龄树每株施优质有机肥150～300千克和山楂树专用肥2～3千克或碳酸氢铵3.5～5千克、过磷酸钙2～3千克。可采用环状沟施、放射状沟施、条施等方法施入土壤。注意不可离树太近，先将化学肥料与有机肥或土壤进行适度混合后再施入沟内，以免烧根。

（2）追肥　追肥要"巧"，针对性要强。合理追肥对克服山楂结果的大小年现象、防止徒长和衰弱都有一定的作用。根据生长季节、各生长时期的山楂需肥情况及时补给所需要的营养元素，从而保证当年产量，又为翌年生长和结果奠定基础。大年树宜加强后期追肥；小年树则应加强前期追肥，促进新梢生长和提高坐果率，促进花芽形成；弱树应以前期追施速效性氮肥为主，前期、后期相结合。山楂树追肥时期主要有萌芽肥、花期肥、果实膨大期肥。每株成龄树每次追施山楂树专用肥0.5～1.5千克。可采用条状沟、放射状沟等方法进行追肥。每次追肥后应浇水。目前，我国山楂产区较为重视前期追肥，特别是花前追肥。

（3）根外追肥　根外追肥也叫叶面喷肥，用喷雾器喷到叶片、新梢及果实上。在整个生长期都可进行叶面喷施含尿素、磷酸二氢钾、硼、锌、锰、钼等元素的叶面肥，对增强树势，促进果实膨大，促进果实成熟，提高产量和果实品质都有较明显的效果。

此外，叶面喷施可与农药混合喷雾，但在生产应用之前，应进行喷药次数、浓度、时间肥料种类等小面积试验，获得经验之后才能大面积推广。根外追肥应选空气湿润的无风天气进行。在干燥多风的情况下，水分蒸发快，肥料浓度易升高，引起药害。如果必须进行，则需降低肥料浓度。一天之内，以早晨露水未干或傍晚日落时喷肥较好。

**（三）山楂的配方施肥案例**

以湖北利川市山楂树配方施肥为例，介绍如下。

1. 种植地概况

试验地土壤碱解氮 39.45 毫克/千克，速效磷 5.7 毫克/千克，速效钾 44.1 毫克/千克，pH 值为 5.53 ~ 6.7。

2. 品种与肥料

选择品种为大金星。供试肥料为果树专用肥（10 – 7 – 5），磷酸二铵（含 N 18%，$P_2O_5$ 12%），尿素（含 N 46%），硫酸钾（含 $K_2O$ 60%）。

3. 施肥方案

常规施肥：氮（N）4.2 千克，纯磷（$P_2O_5$）2.9 千克，比例为 1：0.69。

配方施肥 1：氮（N）5.45 千克，纯磷（$P_2O_5$）2.85 千克，纯钾（$K_2O$）5.18 千克，比例为 1：0.52：0.95。

配方施肥 2：气（N）10.9 千克，纯磷（$P_2O_5$）5.7 千克，纯钾（$K_2O$）10.35 千克，比例为 1：0.52：0.95。

4. 结论

配方施肥后山楂产量高、糖度高、硬度大，经济效益高。

# 第二节　核果类

## 一、李

李树是蔷薇科李属，为多年生木本植物，在我国栽培分布很广。李子鲜艳美观，富香味，酸甜可口，营养丰富。每 100 克果肉中含碳水化合物 7 ~ 17 克、果酸 0.16 ~ 2.29 克、蛋白质 0.5 克、脂肪 0.2 克、胡萝卜素 0.11 毫克、维生素 C 1 毫克、钙 17 毫克、磷 20 毫克、铁 0.5 毫克，还有维生素 $B_1$、维生素

$B_2$、盐酸等。可供鲜食，还可加工成果脯、果酱、罐头、果酒等。

李树的根系为浅根系，大部分是吸收根，多分布在20~40厘米的土层内，水平根的分布范围通常比冠径大1.2倍。具体分布范围与品种、环境条件关系较大，如在土层深厚的沙土地，垂直根系可达6米以上。

树体营养物质的积累与根系活动密切相关，而根系受地上部分各器官活动的制约，因此根系多呈波浪式生长。一般幼树在全年之内出现3次发根高峰。春季随地温上升根系开始活动，当温度适宜时出现第一次发根高峰，这次高峰主要靠消耗上一年贮存的营养物质进行。随着新梢生长，养分集中供应地上部，根系活动转入低潮。当新梢生长缓慢果实尚未迅速膨大时，此时出现第二次发根高峰，这次消耗的养分是当年叶片光合作用制造的。以后果实膨大、花芽分化而且温度过高，根系活动转入低潮。

成龄李树，全年只有2次发根高峰，春季根系活动后，生长缓慢，直到新梢生长快要结束时，形成第一次发根高峰，这是全年的主要发根季节，到了秋季，出现第二次发根高峰。

### （一）李树的需肥特性

李树与其他果树一样，正常生长发育必需的营养元素有16种，从土壤中吸收氮、磷、钾最多。在李树生长发育各时期需钾量最多，氮次之，磷最少。在不同的生育时期，李树对各种营养元素的需要量也有不同。李树对氮元素非常敏感，缺少时李树生长量大大减少，当氮量过多时，造成枝叶繁茂，果实着色推迟。钾元素充足时果实个大，含糖量高，风味浓香，色泽鲜艳。李树生长前期需氮较多，开花坐果后适当施磷、钾肥，果实膨大期以钾、磷养分为主，特别是钾，适当配施氮肥，果实采收后，新梢又一次生长，应适量施用氮肥，以延长叶的功能期，增加树体养分的贮存和积累。据研究，每生产1 000千克李子鲜果，需氮（N）1.5~1.8千克、磷（$P_2O_5$）0.2~0.3千克、钾（$K_2O$）$3\sim7.6$ 千克，对氮、磷、钾的吸收比例约为 $1：0.25：3.21$。

**（二）李树的配方施肥技术**

1. 李树的施肥量

李树的施肥量主要根据树体的大小确定。定植的一年生小树，每年分春秋两次施入 50 千克左右基肥，追施 0.1 千克的复合肥，以后逐年增加。待果树开花结果后每株可秋施 50 千克左右的有机肥，在花前或幼果膨大期追施氮、磷、钾等复合肥 $0.5\sim1$ 千克。

2. 李树的施肥技术

（1）基肥　基肥是较长时期提供给果树养分的基本肥料。秋施基肥比春施好，早秋比晚秋或冬施好。一般在 8 月下旬至 9 月施用，基肥以有机肥为主、无机肥料为辅。每棵产 50 千克以上的盛果期树，施腐熟的有机肥 $150\sim200$ 千克和李树专用肥 $3\sim4$ 千克或硫酸钾 $0.5\sim1$ 千克、尿素 $0.5\sim1$ 千克、过磷酸钙 $2\sim3$ 千克代替专用肥。为下一年开花结果打下基础。施肥可采用环状沟、短条沟或放射沟等方法，沟深 50 厘米左右，注意土肥混匀，施后覆土。成年树也可采用全园撒施、施后翻耕的方法。

（2）追肥　由于基肥多为长效型肥料，发挥肥效平稳而缓慢，当果树需肥急迫时期，必须及时补充肥料。所以，追肥又称补肥。追肥的时期和次数与气候、土质、树龄以及当年预计产量等有关。李树常用的追肥时期有花前肥、花后肥、果实硬核肥等。①花前肥（萌芽肥）。传统生产中十分重视花前肥，但往往将基肥与开花前的追肥——花前肥合并进行施用，即基肥在 9 月施用的前提下，视当年的产量、树势于花前 20 天追加少量的速效肥。李树要在萌芽前 $7\sim10$ 天（4 月上旬）施肥，株施专用肥 $0.5\sim1$ 千克或尿素 $0.3\sim0.5$ 千克和硫酸钾 $0.5\sim1$ 千克或 25 千克腐熟的人粪尿。②花后肥。应在花后 7 天内施用，盛果期李树每棵施李树专用肥 $1\sim1.5$ 千克，生物有机肥 20 千克或尿素 0.2 ~ 0.4 千克和硫酸钾 0.5 ~ 1 千克。③果实硬核肥。应在果实硬核期施入，盛果期李树每棵施李树专用肥 1.5 ~ 2 千克、生物有机肥 20 ~ 30 千克或硫酸钾 0.4 ~ 0.6 千克、过磷酸钙 0.5 ~ 1 千克、尿素 0.1 ~ 0.2 千克。

施肥方法可采用环状沟、放射沟等方法，沟深 15 ~ 20 厘米，注意每次施肥要错开位置，以利提高肥料利用率。

（3）根外追肥　即叶面喷肥，根据树体营养情况，结合喷药或单行喷施，一般在果实膨大期喷施叶面肥，每 10 天左右一次，可增强李树抗病性，对提高品质和产量有较好的效果。

## 二、大樱桃

大樱桃的根系较浅，特别是山丘地栽植的草樱桃为砧木的大樱桃树，根系在土层中的分布只有 20 ~ 30 厘米，抗旱、抗风能力差。适宜在土层深厚、透气性好、保水力较强的沙壤土和砾质壤土上栽培。适宜的土壤 pH 值为 6.0 ~ 7.5。

### （一）大樱桃的营养

大樱桃具有树体生长迅速、发育阶段明显而集中的特点。尤其是结果树，展叶抽枝和开花结果都在生长季的前半期，从开花到果实成熟仅需 45 天左右，花芽分化又集中在采果后 1 ~ 2 个月的时间里。具有生长迅速、需肥集中的特点。因此大樱桃越冬期间储藏养分的多少、生长结实和花芽分化期间的营养水平高低，对壮树、丰产有着重大影响。

大樱桃生长年周期中，有利用储藏营养为主和利用当年制造营养为主两个营养阶段。利用储藏营养为主的生长阶段大约从春季萌芽到春梢生长变缓为止，是大樱桃生长发育极为集中的时期。幼树约在 6 月下旬，盛果树约在果实采收以前，这期间主要有根系的生长、萌芽、开花、坐果、新梢生长、幼果发育，其中，果实的发育和新梢生长之间的营养竞争十分突出。因此，通过秋施基肥增加树体越冬前的储藏营养是大樱桃施肥技术的重要内容。

以利用当年制造营养为主的营养阶段大约是从春梢生长变缓到树体落叶休眠为止，此阶段经历花芽分化、果实速长及营养回流储藏等过程。因此，应重视采果后花芽分化期间施肥，特别是花芽分化前 1 个月适量施用氮肥，能够促进花芽分化和提高花芽发育。

**（二）大樱桃施肥技术**

取土测定土壤养分状况，根据土壤肥力应用测土配方施肥技术确定施肥量和施肥方法，或采用下面推荐施肥量与施肥技术。大樱桃的施肥时期、施肥量和施肥方法，因树势、树龄和结果量而不同。烟台大樱桃产区，对幼树和初果树一般不追肥，结果树一般施肥 3 次，即冬春基肥、花果期追肥和采后补肥。

1. 基肥

基肥一般在秋冬季早施为宜，有利于提高树体储藏营养水平，促使花芽发育充实，增强抵抗霜冻的能力。基肥以有机肥料为主，如人粪尿、厩肥、堆沤肥、鸡粪、豆饼等。根据烟台大樱桃产区总结多年的施肥经验，幼树和初果期树每棵施用人粪尿 30 ~ 50 千克，或厩肥 50 ~ 60 千克；结果大树每棵施人粪尿 60 ~ 80 千克，或施厩肥 60 ~ 80 千克。人粪尿采用放射状沟施或开大穴施用；猪圈肥结合土壤深耕进行或行间开沟深施，深度 50 厘米左右。

2. 追肥

（1）花果期追肥 此次追肥在花谢后，目的是为了提高坐果率和供给果实发育、新梢生长的需要，同时促进果实膨大。结果大树株施复合肥 1 ~ 2 千克，或株施人粪尿 30 千克，开沟追施，施后灌水。

（2）采后补肥 果实采收后追肥是一次关键性的施肥，是大樱桃周年发育的一个重要转折时期。此时补充养分对促进花芽分化、增加营养积累和维持树势健壮具有重要的意义。成龄大树每株施复合肥 1 ~ 1.5 千克，或人粪尿 70 千克，或腐熟的厩肥 100 千克；初果期果树每株施磷酸二铵 0.5 千克左右。

（3）根外追肥　春季萌芽前枝干喷施 2%～3% 的尿素溶液可弥补树体储藏营养的不足，花期喷 0.3% 的尿素、600 倍磷酸二氢钾和 0.3% 硼砂溶液可明显提高坐果率。

## 三、杏

杏为蔷薇科杏属多年生木本植物，在我国栽培历史悠久。杏适宜在中性或弱碱性的土壤中生长，最适宜的土壤酸碱度为 7～7.5。杏树在国内栽培范围很广，以黄河流域各省为栽培中心地区。杏树为阳性树种，深根性、喜光，耐旱又耐瘠、抗寒、抗风等，适应性强，寿命较长，可达百年以上，有"长寿树"之称，为高山、丘陵或沙漠地带的主要栽培果树。杏树全身是"宝"，用途很广经济价值很高，已成为果农特别是山区农民脱贫致富的一项重要经济来源。合理施肥可促使树体生长健壮、花芽分化，增加完全花的比例，提高坐果率，减少落果，延长结果年限，使杏园丰产、稳产。

**（一）杏树的需肥特性**

杏树在萌芽开花期对养分的需求量最大，在花芽分化和果实迅速膨大期，对氮、磷、钾的需求量也较多。但此期对钾和磷的需求量高于其他时期。在果实采收后，新梢又有一次旺长，也需要一定量的养分，树体对氮、钾需要量更大。

**（二）杏树的配方施肥技术**

1. 杏树的施肥量

生产中大多"看树施肥"，即根据树龄、树势、结果多少、土壤肥力状况、肥料质量等确定。一般杏树每亩施肥量为商品有机肥 400～500 千克，氮肥（N）14～15 千克、磷肥（$P_2O_5$）6～7 千克、钾肥（$K_2O$）7～9 千克。有机肥做基肥，氮、钾分基肥和追肥，磷肥全部基施。

2. 杏树的施肥技术

（1）基肥　施基肥是杏树得到多种元素养分的主要途径，

基肥以农家肥为主，可混施部分速效氮素化肥，以加快肥效。施肥方法宜采取开沟法施入，沟深 30～50 厘米，沟长度根据施肥量而定，施肥量依树龄、生长势而定，进入结果期的果树，一般掌握在每亩施农家肥 2 000～3 000 千克。或每亩施商品有机肥 400～500 千克，尿素 10～11 千克、过磷酸钙 38～44 千克、硫酸钾 4～5 千克。施基肥一般在入冬之前、土壤还没有结冻时进行，北方在 9～10 月施入为宜。杏树休眠期较短，根系活动较早，施基肥宜早不宜晚。

（2）追肥　又叫"补肥"，在杏树生长期间弥补基肥的不足，有利于当年壮树、高产、优质和为第二年开花结果补充养分的作用。追肥的次数和时期应根据杏树生长发育情况及土壤肥力等因素确定。杏树追肥一般分为 5 个时期。

①花前肥。也称萌芽肥，一般在萌芽前 7～10 天追施，成年结果树每棵施杏树专用肥 0.5～1.5 千克或 40% 氮、磷、钾复合肥 0.5～1.5 千克，增强树势，促进新梢生长。②花后肥。一般于开花后 7 天内追施，每棵杏树追施杏树专用肥 1～2 千克或 40% 氮、磷、钾复合肥 1～2 千克，主要补充花期对营养物质的消耗，提高坐果率，促进幼果、新梢及根系的生长。③花芽分化肥。也称果实硬核肥，此期是杏树大量消耗养分的时期，每棵杏树追施专用肥 2.5～3 千克或 40% 的氮、磷、钾复合肥 2.5～3 千克，对果实膨大改善品质和提高产量都有较好的效果。④催果肥。在果实采收前 15～20 天施入，每棵施专用肥 1.5～3 千克或 40% 的氮、磷、钾复合肥 1.5～3 千克。可促进中晚熟品种果实的第二次迅速膨大，增重果实，提高产量，提高果实品质，增加含糖量。⑤采收肥。果实采收后施入，每棵施专用肥 1～2 千克或 40% 的氮、磷、钾复合肥 1～2 千克，对补充树体营养，恢复树势，增加树体内养分积累，充实枝条和提高越冬抗寒能力，为下一年丰产打好基础。

（3）根外追肥　杏树从展叶后直至落叶前均可叶面喷施。叶面喷肥虽用量小，但见效快，养分可直接被叶片吸收，只能是补充某种营养元素的不足，但不能代替土壤施肥。根外追肥要掌握好浓度，一般在生长前期枝叶幼嫩可以用较低浓度，后期枝叶成熟，浓度可适当加大。一般在开花期和落叶前20天左右分别喷施2~3次0.3%~0.5%的硼砂溶液。萌芽后到落叶前可喷施0.3%~0.5%的尿素和0.3%~0.5%的磷酸二氢钾溶液。微量元素不足时可喷施微量元素肥料，喷施浓度为硫酸锌0.3%~0.5%，硫酸亚铁0.2%~0.3%、氯化锰0.25%~0.3%。

## 四、枇杷

枇杷，古名芦稿，又名金丸、芦枝，是薇蔽科苹果亚科的一个属，为常绿小乔木。树冠呈圆状，树干颇短，一般树高3~4米。叶厚，深绿色，背面有茸毛，边缘呈锯齿状。枇杷原产中国东南部，因果子形状似琵琶乐器而得名。枇杷树型颇美，而且生长迅速，叶绿茂盛，在不少地方被栽种为园艺观赏植物。

枇杷属亚热带常绿木本果树，原产我国四川、陕西、湖南、湖北、浙江等省，长江以南各省多作果树栽培，江苏洞庭及福建云霄都是枇杷的有名产地。适宜在pH值6.6~7.0的土壤中生长。

### （一）枇杷的需肥特性

枇杷树正常生长发育需要吸收16种必需的营养元素，其中从土壤中吸收氮、磷、钾三要素较多，其他养分较少。枇杷树根系较浅，扩展能力也较弱，大多根垂直分布在10~50厘米土层中；根的水平分布，不论是粗根、细根或须根都密集在离树干100~160厘米周围。由于根群分布既浅又狭，吸肥力弱，施肥不足树体容易衰弱，抗旱、抗风能力均差。因此，在施肥时应注意结合深翻深施肥以引导树根向深层发展。成龄树对钾的需要量最大，其次是氮、磷。

枇杷是喜钾果树。从开花到果实膨大期是枇杷树吸收养分最多的时期，尤其是对钾、磷的吸收增加较多。在各生育期中若养分供应不足，会对枇杷生产带来不良影响。后期若供氮过多，果实的原有味道变淡。适量供钾可提高产量，改善品质，增强树势，提高抗逆能力。但供钾过量时，会造成果肉较硬且变酸，在施肥中应注意适量供给养分。生产试验表明，每生产1 000千克鲜果，需吸收氮（N）1.1千克、磷（$P_2O_5$）0.4千克、钾（$K_2O$）3.2千克，其比例为1∶0.36∶2.91。

### （二）枇杷的配方施肥技术

枇杷幼树施肥的目的是促进树的生长，以保障土壤在周年内不缺养分。根据其全年生长、四季抽梢的特点，一般幼树宜薄肥勤施，年施肥5~6次，于各次抽梢萌发前施一次促梢肥，隔15天左右嫩梢展叶后再施一次壮梢肥，施肥量依定植时施肥多少和土壤肥力差别而定。一般每株每次施用腐熟的稀人粪尿10~20千克和枇杷专用肥0.3~0.6千克。

成年结果树施肥，一般每亩施氮（N）10~20千克，磷（$P_2O_5$）8~15千克，钾（$K_2O$）10~20千克，分3次施入。第一次施采果肥，在5—6月枇杷采果后至夏梢萌发前施入，主要是恢复树势，促进夏梢抽发，充实结果母枝，促进花芽分化，为花穗发育打好基础。每株施腐熟的有机肥40~50千克、枇杷专用肥2千克或尿素0.5千克、过磷酸钙2千克。深树冠滴水线外挖环状沟施入。第二次施促花肥，在9—10月枇杷开花前施入，主要促使花蕾健壮，开花正常和提高树体抗寒力，提高结果率。每株施腐熟的人粪尿50千克、枇杷专用肥1.5~2千克或硫酸钾1千克，过磷酸钙1千克，第三次施壮果肥，在翌年2—3月定果后施入，促进幼果迅速膨大，提高产量和品质。每株施专用肥3~4千克或尿素1千克，过磷酸钙1千克，硫酸钾1.5千克。

在土壤施肥的同时，可对枇杷树进行叶面喷肥，一般用叶面肥和0.3%的尿素、0.2%~0.4%的磷酸二氢钾混合喷施，可增强树势，提高产量和品质。

由于各地气候、品种、土壤肥力和栽培习惯不同，施肥时期也不完全一致，但作用和目标基本一致。长江流域一般年施春肥、夏肥、秋肥共 3 次，华南地区则加施 1 次冬肥，这是根据气候和枇杷的生长特点不同，而采取因地制宜的施肥办法。台湾枇杷也采取 4 次施肥制，分别于 1—2 月、4—5 月、6 月和 10—12 月施肥，每株施氮、磷、钾复合肥 3 千克。

施肥方法有沟施、面施、随灌溉水施入等。沟施是结果枇杷园最常用的施肥方法，幼年树在树冠外围挖环状沟，施肥后覆土；成年结果树则多采用以树干为中心的放射状沟施或行间条状沟施，施肥后要覆土，以减少肥分损失，提高肥效。

**（三）枇杷的配方施肥案例**

以安徽省歙县深渡镇枇杷产区枇杷配方施肥为例，介绍如下。

1. 种植地概况

试验地土壤为扁石黄红土，有机质 17.9 克/千克，全氮 1.41 克/千克，速效磷 15.7 毫克/千克，速效钾 127 毫克/千克，pH 值为 5.53~6.7。

2. 品种与肥料

选择品种为大红袍。供试肥料为中标企业生产的 45%（18 - 12 - 15）枇杷专用配方肥，国产 45% 普通复合肥（15 - 15 - 15），国产硼砂（含 B 11%）。

3. 施肥方案

不施肥：硼砂 2 千克。

常规施肥：每亩年施 45% 普通复合肥（15 - 15 - 15）102 千克，其中，春肥 30 千克、硼砂 2 千克；采果肥 50 千克，花前肥 22 千克。

配方施肥：每亩年施 45%（18 - 12 - 15）枇杷专用配方肥 120 千克、硼砂 2 千克。其中，春肥每亩施用 36 千克、硼砂 2 千克；采果肥每亩施用 60 千克；花前肥每亩施用 24 千克。

4. 结论

配方施肥的平均单株鲜果产量 30.1 千克，折合每亩产量

1 204千克，每亩比常规和不施肥分别增产224千克和544千克，分别增产22.9%和82.4%。

## 五、枣

枣树为落叶灌木或乔木，我国栽培范围极广，北至辽宁的锦州、北镇一带，以山东、河北、山西、陕西、甘肃、安徽、浙江产量最多。著名品种有金丝小枣，果实小，含糖量多，产于山东乐陵、河北沧县、北京密云等地。晋枣，又名"吊枣"，主产陕西彬县。江苏的泗洪大枣，果型最大。大枣最突出的特点是维生素含量高，有"天然维生素丸"的美誉。

枣树喜温、喜光、耐旱、抗涝，对土壤适应性强，不论沙土、黏土、低凹盐碱地、山丘地均能适应，高山区也能栽培。对土壤酸碱性要求也不甚严，pH 值 5.5 ~ 8.5 均能生长良好。但以土层深厚、肥沃、疏松土壤为好。枣树施肥应根据生长周期进行，即把握好施肥时期，才能及时发挥肥效，有利于吸收，促进生长，提高产量和品质。

### (一) 枣树的需肥特性

枣树生长需要的营养元素有碳、氢、氧、氮、磷、钾、钙、镁、硼、铁、铜等16 种营养元素，其中，碳、氢、氧是从空气中吸收，其余元素均不同程度地需要施肥来满足枣树正常生长的需要。枣树各个生长时期所需养分不同，从萌芽到开花期对氮的吸收较多，供氮不足时影响前期枝叶和花蕾生长发育；开花期对氮、磷、钾的吸收增多；幼果期是枣树根系生长高峰时期，果实膨大期是枣树对养分吸收的高峰期，养分不足，果实生长受到抑制，会发生严重落果；果实成熟至落叶前，树体主要进行养分的积累和贮存，根系对养分的吸收减少，但仍需要吸收一定量的养分。为减缓叶片组织的衰老过程，提高后期光合作用，可喷施含尿素的叶面肥，此外，在施肥过程中要注意氮、磷、钾三要素与中、微量元素之间的配比，因为营养元素之间存在相互抑制作用，如过量钾不利于钙的吸收，即过量钾很容易引起枣树缺钙症。

每生产 1 000 千克鲜枣，枣树需氮（N）15 千克、磷（$P_2O_5$）10 千克、钾（$K_2O$）13 千克，对氮、磷、钾的吸收比例为 1：0.67：0.87。

**（二）枣树的配方施肥技术**

1. 基肥

基肥是一年中长期供应枣树生长与结果的基础肥料，在秋季枣树落叶前后施基肥为好。施肥量一般占全年施肥量的 50% ~ 70%，间作枣园每棵枣树施有机肥 150 ~ 250 千克和枣树专用肥 2 ~ 3 千克。混匀后施入枣树根系附近的土壤，密植园或专用枣园每棵枣树施有机肥 60 ~ 120 千克和枣树专用肥 2 ~ 3 千克，混匀后施入枣树根系附近的土壤，施肥方法以沟施、环状沟施、放射状沟施均可。

环状沟施法适宜于幼树，即于树冠外围挖宽和深各 40 厘米左右的环形沟，将肥料与挖出的土混匀后施入沟内，用土覆盖后浇水。

放射状沟施肥法即在树冠下从树干到外围挖 6 ~ 8 条放射状施肥沟，挖宽和深各 40 厘米左右，将肥料施入沟内，混入表土，然后浇水。

沟状施肥法适宜于成龄树，即在树冠下、株间和靠近行间的两侧，挖宽和深各 40 厘米左右的沟，沟内施入肥料，混入表土后浇水。

全园撒施法是根据枣树水平根发达的特点，结合间作农作物施肥，将肥料均匀撒于树冠下和行间，然后翻耕，此法只能作为辅助性的施肥措施。

2. 追肥

（1）萌芽肥　在萌芽前 7 ~ 10 天施入，主要以氮为主，成龄结果树每株施 0.5 ~ 1.0 千克尿素，并配一定数量的磷、钾肥和硼肥。以利于提高开花坐果率，对提高产量和品质是十分必要的。

（2）花前肥　在枣树开花前施入，成龄枣树每株施枣树专用肥 1 千克左右或硫酸铵 0.3 ~ 0.5 千克，过磷酸钙 0.5 ~ 1 千克。

（3）幼果肥　以磷、钾肥为主，枣树进入幼果期成龄结枣树每株施 1.5 ~ 2.5 千克或 40% 氮、磷、钾复合肥 1.5 ~ 2.5 千克，以促进果实膨大，提高产量和品质。

果实采收后，追施速效氮以迅速恢复树势，有利于翌年生长。果实采收后喷 0.5% 的尿素和 0.2% 的磷酸二氢钾溶液，也可收到同样的效果。

追肥可采用环状沟、短条状沟、穴施等方法，施入土壤 10 ~ 15 厘米，注意将肥料与土混匀，施后覆土，旱时应配合浇水。

3. 根外追肥

即叶面喷施，一般喷施含尿素、磷酸二氢钾及硼、铜、锰等微量元素的叶面肥，在果实膨大期每 7 ~ 10 天喷施 1 次，对提高产量和品质有明显效果。

**（三）枣树的配方施肥案例**

以河南省新郑市孟庄镇小孙庄枣园配方施肥为例，介绍如下。

1. 种植地概况

试验地土壤为沙壤土，肥力均匀，光照条件好，水解氮 52.11 毫克/千克，速效磷 15 毫克/千克，速效钾 105.3 毫克/千克。

2. 品种与肥料

选择品种为灰枣。供试肥料为尿素（含 N 46.3%）、过磷酸钙（含 $P_2O_5$ 17%）和氯化钾（含 $K_2O$ 85%）。

3. 施肥方案

9 种配方施肥换算成所用的化肥量如下。

（1）0.65：1.75：0.55。

（2）0.65：3.5：1.1。

（3）0.65：5.25：1.1。

（4）1.3：3.5：1.65。

（5）1.3：5.25：0.55。

（6）1.3：1.75：1.1。

（7）1.95：5.25：1.1。

（8）1.95：1.75：1.65。

（9）1.95：3.5：0.55。

4. 经济效益

经过 3 年持续配方施肥试验，明确了在河南新郑枣区增施
N、P、K 对红枣产量有显著的影响。N、P、K 的最经济施肥配
方为 2：1：2。目前，新郑枣区 90% 以上的枣树树龄在 50 年以
上，对于这些枣树，在配方施肥时，N、P（$P_2O_5$）、K（$K_2O$）
用量选择为 0.6：0.3：0.6（单位千克），每年初花期（5 月底）
和幼果期（7 月中旬）施肥 2 次。

# 第三节　浆果类

## 一、葡萄

### （一）葡萄根系特点

葡萄具有强大的根系，但没有主根，枝条埋入地下的那部
分形成骨干根，即根干和侧根。葡萄的骨干根主要是输送水分
和养分，同时也是养分储藏的重要场所，储藏的养分可占全部
储藏养分的 70%~85%，从萌芽生长到开花结果主要依靠树体
储藏的养分。当年叶片制造的养分除满足生长发育所需之外，
多余的可回流到根系储藏起来。

1. 葡萄根系生长

葡萄是深根性果树，垂直分布的深度为 20~80 厘米。根系

的水平覆盖面也很大，在栽植沟内两侧伸展长度可达 7 ~ 8 米。葡萄根系没有休眠的特性，只要条件适宜就可以不停地生长，因而抗寒能力差，只能忍耐 -7 ~ -5℃的低温。

葡萄根系发根容易，生长迅速。枝条插入土中后，12℃即可开始发根，最适宜的温度为 28 ~ 30℃，每天可长 1 厘米以上。最初从插穗节部长出的根一般在 10 厘米左右开始形成二级根，二级根迅速生长并分生出三级根，一年就可形成七级或更多级根，从而形成庞大的根系，这是葡萄早期丰产的重要保证。

一年中葡萄根系的生长有两次高峰。第一次在 5—6 月。第二次在 9—10 月，气温下降适合于根系生长。葡萄受伤或切断后易产生不定根，施基肥时对根系的部分损伤实际上可促进根系的进一步生长。因此秋施基肥可以促进根系的生长发育和树体储藏养分。

2. 葡萄根系对土壤条件的要求

葡萄根系对土壤适应性强，除了极黏重土壤、沼泽地和重盐碱土外，其他的土壤都适合于生长。最理想的土壤是肥沃松软的沙壤土。

葡萄根系对土壤酸碱性适应性也很强，可在 pH 值为 5.0 ~ 8.0 时生长，最适宜的 pH 值为 6.0 ~ 7.0。

葡萄根系对土壤水分有一定的要求，土壤干旱根系停止生长，容易落花、落果甚至死亡；土壤水分过多则根系容易腐烂。一般以田间持水量的 60% ~ 70% 为宜。

**（二）葡萄的营养**

葡萄各器官中养分的含量以叶片最高，其次为新根、新梢；再次为叶片和新梢，磷的含量根中最高；钾的含量果实中最高，最少的是叶片和旧梢。葡萄对养分吸收量的顺序为：钾 > 氮 > 磷。氮的吸收以叶片最多，果实次之；磷的吸收果实最多，其次是叶片；钾的吸收果实最多，因此钾肥在葡萄浆果成熟中具有重要作用。一般每生产 100 千克葡萄需要氮 0.6 千克，磷

（$P_2O_5$）0.3 千克，钾（$K_2O$）0.72 千克。

## 1. 氮

氮素与葡萄枝叶生长和产量密切相关。适量的氮素供应能使葡萄树体枝叶繁茂，芽眼萌发提早，坐果率增加，产量提高。氮素供应不足新梢生长势弱，叶色淡绿，叶片薄而小，易早落。枝蔓细而短，停止生长早。果穗、果粒小，产量明显下降。氮素过多枝叶徒长，并易受病害侵袭。生长后期氮素过多，果实着色延迟，香气降低，品质下降。

葡萄对氮的吸收表现为生长初期因土壤温度低，吸收量少，花穗出现后吸收速度加快，至果实膨大期达到最高峰，到成熟期氮的吸收又减缓。葡萄生长的前期需氮量较大，主要供应芽眼、新梢生长和开花坐果的需要。此时的氮素主要来源于储藏在树体内的氮，因此，生产中强调早施氮肥，以防氮素的供应脱节。生长后期氮肥用量不宜太大，避免氮肥过多的症状。果实采收后应及时追施氮肥，对增强后期光合作用、树体养分积累及花芽分化具有比较好的作用。

## 2. 磷

葡萄对磷的吸收表现为在新梢生长旺盛期和果实膨大期吸收速率最大，直到成熟期仍能大量吸收。后期茎叶中的磷不断向果实转移，果实中磷的含量升高。果实采收后，茎、叶中的含磷量再度提高。

葡萄缺磷时枝条的萌发和开花延迟，新梢生长减弱，叶片小，呈暗绿色，无光泽，基部叶片早落。果色不鲜艳，含糖量低、品质差。磷素过多易导致铜、锌的缺乏。

## 3. 钾

葡萄需钾量较大，有"钾质植物"之称。葡萄对钾的吸收表现为在整个生长期内均能进行，在果实膨大期对钾的吸收量明显增加。钾能提高葡萄植株纤维素含量，能使细胞壁增厚，促使枝蔓成熟，从而提高抗寒抗病能力。钾素充足可促进浆果成熟，提高含糖量。

葡萄缺钾时叶色浅、叶片的边缘出现坏死斑点，有时叶片向上或向下卷曲，叶肉扭曲、表面不平。夏末新梢基部老叶易变紫褐色或暗褐色，从叶脉间开始，逐渐覆盖全叶。严重缺钾的植株，果穗少而小，穗粒紧，色泽不均匀，果粒小。

**（三）葡萄施肥技术**

取土测定土壤养分状况，根据土壤肥力应用测土配方施肥技术确定施肥量和施肥方法，或采用推荐施肥量。每亩氮肥用量为 36～48 千克（折合尿素为 78～104 千克），磷肥用量为 24～36 千克（折合二铵为 52～78 千克），钾肥用量为 28.8～43.2 千克（折合硫酸钾为 58～86 千克），腐熟的优质农家有机肥料的用量为 4 000～5 000 千克。

1. 基肥

葡萄落叶后到萌芽前，只要土壤不上冻都可施基肥，一般秋冬施比春施好，秋施比冬施好，秋施又以收获后尽量早施好。一般基肥用量为全年肥料用量的 40%～60%，有机肥全部做基肥，配合施用磷、钾肥，深施于根系密集层。值得注意的是，巨峰葡萄开花时，如若树体氮素过多，则新梢生长过旺易引起大量落花，而基肥中氮在开花时又被大量吸收，因此，对巨峰葡萄应控制基肥中氮的用量。

2. 追肥

根据土壤的肥力状况和树的长势，葡萄通常每年追肥 2～3 次。

（1）萌芽肥　芽眼膨大时根系大量迅速活动前（开花前）进行第一次追肥。一般以氮肥为主结合施磷、钾肥，以促进花芽继续分化使芽内迅速形成第二、第三花穗。巨峰葡萄应根据树势控制氮肥用量，防止大量落花。

（2）壮果肥　在 5 月下旬，落花后幼果开始膨大，追肥的目的是促进果实迅速膨大，一般以氮肥为主结合施钾肥。

（3）催果肥 浆果期进行第三次追肥，在 7 月中旬，可提高果实含糖量、改善品质、促进成熟。追肥以钾肥为主，根据树势适当施氮、磷肥。如果树势健壮、枝叶繁茂可以不施氮肥。

在葡萄生长发育过程中，还可以根据树势情况进行根外追肥，花前一周可叶面喷施 0.2%磷酸二氢钾和 0.3%硼砂，能提高坐果率。坐果后到成熟前，喷 2～3 次 0.3%磷酸二氢钾，能提高产量、改善品质。对缺铁失绿的葡萄，可喷施硫酸亚铁或柠檬酸铁等矫正缺铁症状。

3. 葡萄的中量、微量元素失调及矫正

（1）钙 葡萄需钙量比较大，果实中含钙高达 0.57%，高于苹果。钙对调节葡萄树体的生理平衡具有重要的作用。葡萄缺钙时幼叶皱卷，呈淡绿色，脉间有灰褐色的斑点，叶缘部位出现针头大的坏死斑点，新梢顶端枯死，根部停止生长甚至腐烂。

葡萄缺钙的预防与矫治方法：避免一次大量施用钾肥和氮肥；叶面喷施钙肥，如叶面喷洒 0.3%的氯化钙水溶液。

（2）镁 葡萄对镁的需要量也较多，叶片含镁 0.23%～1.08%，果实中含镁 0.01%～0.025%。缺镁时易出现失绿黄化斑，多发生在生长季节后期，从植株老叶开始发病，最初老叶脉间褪绿或出现黄色斑点，严重时整个叶片变成黄色，或叶片坏死脱落。

葡萄缺镁的预防与矫治方法：要定时施足有机肥料，对成年树也应在入冬前施用优质有机肥料；缺镁严重的葡萄园应适当减少钾肥的用量；在植株开始缺镁时叶面喷施 3%～4%的硫酸镁，生长季节喷 3～4 次；缺镁严重的土壤可施用硫酸镁肥料。

（3）硼 葡萄需硼量较高，对土壤缺硼相当敏感，土壤有效硼的含量小于 0.5 毫克/千克时，葡萄不能正常生长。硼能提高坐果率，提高果实中维生素和糖的含量。葡萄缺硼时生长点死亡，小侧枝增多，枝条节间短而脆，茎的顶端肿胀，卷须坏死，果穗稀疏或果不育，幼果果肉变褐。缺硼的症状容易在早春和夏季出现。

葡萄缺硼的预防与矫治方法：生长期喷施 0.2% 的硼砂溶液；秋施基肥时施用硼砂或硼酸，每亩施用 1.5～2 千克。

（4）锌 葡萄对锌也比较敏感，缺锌时易得小叶病，新梢生长量少，叶梢弯曲。落花落果严重，果粒大小不一。

葡萄缺锌的预防与矫治方法：花前 2～3 周喷碱性硫酸锌，用喷雾湿润整个果穗和叶的背面。碱性硫酸锌的配制方法，将 480 克硫酸锌和 359 克喷雾石灰加到 100 千克水中。

（5）铁 葡萄缺铁时影响叶绿素的形成，先是幼叶失绿，叶脉间黄化，具绿色网脉。缺铁严重时叶片变黄，甚至白色，叶片严重褪绿部位常变褐色或坏死。新梢的生长量减少。花穗和穗轴变浅黄色，坐果不良。

葡萄缺铁的预防与矫治方法：叶面喷施 0.5% 的硫酸亚铁溶液，可根据情况每隔 20～30 天喷施 1 次。用硫酸亚铁涂抹枝条，浓度为每升水中加硫酸亚铁 179～197 克，修剪后涂抹顶芽以上的部位。

## 二、猕猴桃

猕猴桃属猕猴桃科称猴桃属，为落叶性藤本果树，在我国分布很广，其中，中华猕猴桃在河南、陕西、湖南等省栽培最多。称猴桃果实营养丰富，富含维生素 C 和多种营养物质，是世界上著名的保健果品。称猴桃树枝梢的年生长量远比一般果树大，而且枝粗叶大，结果较早而多，进入成熟后，一株树地上与地下部分干重的比例约为 1.8∶1。每年植株的生长、发育、结果等都要从土壤中吸收大量营养，并通过修剪和采果从树体中消耗掉，而土壤中可供养分有限，因此，需要通过施肥向土壤补充树体生长发育所需的营养。因此，了解称猴桃的营养特性，做到科学施肥，是实现猕猴桃优质高产的基础。

**（一）猕猴桃的需肥特性**

猕猴桃对各类矿质元素需要量大，其正常生长需要氮、磷、钾、镁、锌、铜、铁、锰等 16 种必需的营养元素，从土壤中吸收氮、磷、钾最多。从萌芽后，在叶片展开、叶面扩大、开花和果实发育等不同生育期，对各种营养元素的吸收量差异很大。

氮、磷、钾的吸收在叶片至坐果期的一段时间主要来自上半年树体贮藏的养分，而从土壤中吸收的养分较少。果实发育期养分吸收量显著增加，尤其对磷、钾吸收量较大。落叶前仍要吸收一定量的养分。猕猴桃的根系在 2—3 月为第一次生长高峰；在落花后和第一次新梢停止生长时为第二次生长高峰；第三次生长高峰是在果实采收后，养分用于充实根系和枝条，根系又一次进入生长高峰期。施肥采用秋季肥、春季肥和夏初肥等措施，以满足猕猴桃树对营养元素的需求。

猕猴桃适应温暖湿润的微酸性土壤，最怕黏重、强酸性或碱性、排水不良、过分干旱、瘠薄的土壤。更重要的是猕猴桃对氯有特殊的喜好，一般作物为 0.025% 左右，而猕猴桃为 0.8% ~ 3.0%，氯的含量是一般作物的 30 ~ 120 倍。尤其是在钾缺乏时，对氯有更大的需求量。分析表明，每生产 1 000 千克鲜果，猕猴桃树需要氮（N）8.4 千克，磷（$P_2O_5$）0.24 千克，钾（$K_2O$）3.2 千克。

**（二）猕猴桃的配方施肥技术**

猕猴桃树的施肥原则是以腐熟的优质有机肥为主、无机肥为辅，充分满足猕猴桃树对各种营养元素的需求，增强土壤肥力。对猕猴桃树的施肥量应根据目标产量、树龄大小、土壤肥力状况、需肥特性等因素来确定，一般采用基肥、追肥和叶面喷肥（根外追肥）等方式施肥。

1. 基肥

猕猴桃树一般在秋施基肥，采果后早施比较有利。根据各品种成熟期的不同，施肥时期为 10—11 月，早施基肥辅以适当灌溉，对加速恢复和维持叶片的功能、延缓叶片衰老、增长叶的寿命、保持较强的光合生产能力具有重要作用。基肥以有机肥（如厩肥、堆肥、饼肥、人粪尿等）为主，施肥量占全年总施肥量的60%，如果在冬、春施可适当减少。一般每株幼树施有机肥50千克，加过磷酸钙和氯化钾各0.25千克；成年树每株施厩肥50～75千克，加过磷酸钙1千克和氯化钾0.5千克。可采用行间、株间开深沟或穴施等方法，沟深50～60厘米，宽40厘米，将肥与土混匀，施入沟内并及时浇水。

2. 追肥

追肥应根据猕猴桃根系生长特点和地上部生长物候期及时追肥，过早或过晚都不利于树体正常的生长和结果。

（1）萌芽肥　早春追施萌芽肥，猕猴桃树在结果前3年，每次追肥量要小于成龄树，追肥次数要多。一般在2—3月萌芽前后施用，每棵每次追施腐熟人粪尿15～20千克或猕猴桃专用肥1～1.5千克或尿素0.2～0.3千克、过磷酸钙0.2～0.3千克、氯化钾各0.1～0.2千克。进入盛果期的成龄树，一般每棵追施猕猴桃专用肥0.5～1千克或有机肥20～30千克、过磷酸钙0.4～0.6千克、氯化钾0.2～0.4千克。

（2）花后追施促果肥　猕猴桃树在落花后30～40天是果实迅速膨大期，一般四年生猕猴桃树可冲施专用肥0.2～0.4千克或40%氮、磷、钾复合肥0.2～0.5千克，施后全园浇水一次。

（3）盛夏追施壮果肥　一般在落花后的6—8月，这一阶段幼果迅速膨大，新梢生长和花芽分化都需要大量养分，可根据树势、结果量酌情追肥1～2次。该期施肥以氮、磷、钾肥配合施用。幼树每棵施有机肥30千克、过磷酸钙和硫酸钾各0.15千克，成年树每棵施有机肥30～40千克、过磷酸钙0.6千克、氯化钾0.3千克。此外，还要注意观察是否有缺素症状，以便及时调整。

3. 根外施肥

猕猴桃树从展叶至采果前均可进行叶面喷施，常用的叶面喷施肥料种类和浓度如下：尿素 0.3% ~ 0.5%，硫酸亚铁 0.3% ~ 0.5%，硼酸或硼砂 0.1% ~ 0.3%，硫酸钾 0.5% ~ 1%，硫酸钙 0.3% ~ 0.4%，硫酸锌 0.5% ~ 1%，草木灰 1% ~ 5%，氯化钾 0.3%。叶面喷肥最好在阴天或晴天的早晨或傍晚无风时进行。

# 第四节　坚果类

## 一、核桃

核桃属核桃科核桃属，为多年生木本植物。原产于中国，栽培历史悠久。别名核桃仁、山核桃、胡核桃、羌桃、胡桃肉、万岁子、长寿果。核桃与扁桃、榛子、腰果并称为"世界四大干果"，既可以生食、炒食，也可榨油。主要产于河北、山西等山地，现全国各地均有栽培。

### （一）核桃的需肥特性

核桃树是多年生木本果树，适应性强，适于中性土壤（pH值 6.5 ~ 7.5），分布在华北、西北、西南各省。核桃树结果年限长，树体高大，根系深，侧根水平伸展较远，可达 10 ~ 12 米，根冠比为 2 左右。成年树根最深可达 6 米，须根多，根系的垂直分布主要集中在 20 ~ 60 厘米的土层中，约占总根量的 80%。核桃树喜肥，供肥不足时对产量和品质影响较大。

核桃树对氮、钾养分需要量较大，其次是钙、镁、磷。生产试验表明，每 1 000 千克核桃果实中需要施氮（N）42.2 千克、磷（$P_2O_5$）13.3 千克、钾（$K_2O$）15.2 千克，氮、磷、钾的比例为 1 : 0.32 : 0.36。氮素可以增加核桃出仁率，磷、钾养分能增加产量，还能提高核桃品质。核桃落花后对钙吸收量较大，果实形成期对镁需求量较大。

### （二）核桃的配方施肥技术

核桃树结果年限长，施肥应结合深翻改土进行，以秋季采收后施基肥为主，并适时进行追肥。

1. 基肥

成龄结果树每棵施优质有机肥 100 ~ 200 千克和核桃树专用肥 2 ~ 4 千克。基肥的施入时期可在春秋两季进行，以早施效果较好。秋季应在采收后落叶前完成。

2. 追肥

核桃树追肥一般分 3 次进行。第一次在萌芽开花前，每棵施核桃专用肥 1 ~ 2 千克或尿素 1 ~ 1.5 千克、硼砂 0.3 ~ 0.5 千克，可提高坐果率，促进果实发育，结合深翻改土进行施肥。第二次在落花后，果实开始形成和膨大期，是养分需要量最多的时期，每棵核桃树施专用肥 3 ~ 4 千克或尿素 0.5 ~ 1 千克、过磷酸钙 1 ~ 1.5 千克、硫酸钾 1 ~ 1.5 千克、硫酸镁 0.5 ~ 1 千克。开沟后结合灌水进行。第三次在果实硬核期进行，每棵施核桃专用肥 1 ~ 2 千克或尿素 0.5 ~ 1 千克、硫酸镁 0.5 ~ 1 千克，有利于果仁发育，提高产量和品质，可采用条状沟、放射状沟、穴施等方法施肥。

3. 根外追肥

根据树势而定，一般在整个生育期内都可喷施含尿素、磷酸二氢钾、硼、锌等元素的氨基酸叶面肥，每 8 ~ 15 天 1 次，可增强树势，提高坐果率，减少落果，预防小叶病等生理病害，对提高产品质量和增加产量都有效果。

**（三）核桃的配方施肥案例**

以新疆维吾尔自治区阿克苏市库木巴什乡核桃配方施肥为例，介绍如下。

1. 种植地概况

试验地土壤为潮土性灌淤土，有机质 9.68 克/千克，碱解氮 40.38 毫克/千克，有效磷 13.55 毫克/千克，速效钾 132.9 毫克/千克。

2. 品种与肥料

选择品种为新早丰。供试肥料为尿素（含 N 46%），重过磷酸钙（含 $P_2O_5$ 42%），硫酸钾（含 $K_2O$ 40%）。

3. 施肥方案

采用"3414"最优回归设计。每株推荐最佳施肥量：六年生核桃为氮肥 1.47 千克、磷肥 0.69 千克和钾肥 0.56 千克，八年生核桃为氮肥 2.35 千克、磷肥 1.1 千克和钾肥 0.45 千克。

## 二、板栗

板栗，别名栗子、毛栗。山毛榉科栗属乔木或灌木的总称，有 8~9 种，原生于北半球温带地区。板栗不仅含有大量淀粉，而且含有蛋白质、脂肪、B 族维生素等多种营养成分，素有"干果之王"的美称。栗子可代粮，与枣、柿子并称为"铁杆庄稼""木本粮食"，是一种价廉物美、富有营养的滋补品及补养良药。

### （一）板栗的需肥特性

板栗树是我国主要干果木本树种之一，分布很广，主要产区集中在黄河流域的华北、西北地区及长江流域各省，尤以河北省栽培较多。板栗树生长迅速，适应性强，抗旱，耐瘠薄，产量稳定，寿命长，一年栽树，百年受益。合理施肥是促进树体健壮、增强抗逆性、延长结果年限和提高产量的重要措施，板栗树需肥量较多，是需要氮、钾较多的果树，在开花结果期还需要较高的硼。

氮元素在萌芽、开花、新梢生长和果实膨大期吸收量逐渐增加，直到采收前还有上升，以新梢快速生长期和果实膨大期吸收量最多。磷自开花后到 9 月下旬采收期吸收比较多，磷的吸收期比氮、钾都短，吸收量也较少。钾在开花后吸收量开始增加，在果实膨大期至采收期吸收量最多，采收后急剧下降。近年发现板栗树对镁敏感，需求量大，尤其是果实发育期缺镁相当普遍，应注意施含镁肥料。板栗根系发达，而且新生根多有外生菌根，在土壤 pH 值 5.5 ~ 7.0 的良好条件时菌根多，能提高板栗对磷、钙养分的吸收，施肥应考虑这一特点。每生产 1 000 千克板栗果实需吸收氮（N）14.7 千克、磷（$P_2O_5$）7 千克、钾（$K_2O$）12.5 千克，其吸收的比例为 1 : 0.48 : 0.85。

**（二）板栗的配方施肥技术**

1. 基肥

以秋季采果前后施入为好，也可在春季萌芽前施入，不能过晚。基肥用量一般按每生产 1 千克板栗施优质有机肥 8 ~ 10 千克计，或初结果幼龄板栗树每棵施优质有机肥 50 ~ 60 千克和板栗树专用肥 0.5 ~ 1.5 千克，成龄大树每棵施优质有机肥 150 ~ 250 千克和板栗专用肥 2 ~ 3 千克。施肥方法一般采用放射沟状、条状沟、穴施或全园撒施等，注意将肥土混合，施后浇水。

2. 追肥

追肥一般分 2 次进行。第一次在新梢速长期（4 月下旬至 5 月上旬），第二次在果实膨大期（7—8 月）。1 ~ 5 年生的幼树每亩施板栗专用肥 2 ~ 3 千克，6 ~ 10 年生的初结果树每棵追施板栗专用肥 1 ~ 2.0 千克，11 年以上的成龄板栗大树每棵追施板栗专用肥 2 ~ 5 千克。追肥方法以放射状沟法为好，在距主干 15 ~ 30 厘米处开沟，向外挖 5 ~ 7 条放射状沟，沟宽 20 ~ 30 厘米（里窄外宽），沟深 10 ~ 30 厘米（里深外浅），长度要超过树冠外缘，注意肥土混合均匀，施后浇水。

3. 根外追肥

在整个生育期内均可喷施含有磷酸二氢钾、尿素、硫酸镁、硼砂及微量元素的叶面肥，一般每 10 天左右 1 次，以增强树势，促进果实膨大，增加产量和提高品质。

## 第五节　柑果类

**一、柑橘**

柑橘，属芸香科柑橘亚科，是热带、亚热带常绿果树（除枳外），用作经济栽培的有枳、柑橘和金柑3个属。我国和世界其他国家栽培的柑橘主要是柑橘属。而中国是柑橘的重要原产地之一，有4 000多年的栽培历史，柑橘资源丰富，优良品种繁多。

柑橘长寿、丰产稳产、经济效益高，是我国南方果树的最主要的树种，对果农脱贫致富、农村经济发展起着重大作用。

**（一）柑橘的需肥特性**

柑橘为常绿果树，一年有多次抽梢，结果早、挂果时间长，结果量多，需肥量大，一般为落叶果树的2倍。新梢对氮、磷、钾的吸收从春季开始逐渐增长，氮元素不可施用过量；否则，根部会受到伤害。夏季是枝梢生长和果实膨大时期，需肥量达到吸收高峰。秋季根系再次进入生长高峰，为补充树体营养，仍需大量养分。随着气温降低生长量逐渐减少，需肥量随之减少，入冬后吸收基本停止。果实对磷吸收高峰在8—9月，氮、钾的吸收高峰在9—10月，以后趋于平缓。

**（二）柑橘的配方施肥技术**

1. 柑橘的施肥量

一般每亩产3 000千克的柑橘园，应施氮（N）25～30千克、磷（$P_2O_5$）10～15千克、钾（$K_2O$）25～28千克和柑橘专用肥170～212千克。每亩产3 500～5 000千克的柑橘园，应施氮（N）40～60千克、磷（$P_2O_5$）30～45千克，钾（$K_2O$）30～45千克和柑橘专用肥290～450千克。与其他果树比较，柑橘要求氮多，而磷、钾相对较少。

根据幼树和结果树的不同，根据土壤测试结果（AS1方法）的柑橘推荐施肥建议见表6-5至表6-7。

**表 6 – 5　基于土壤有机质水平的柑橘施氮推荐量（纯 N）**

单位：千克/亩

| | 土壤有机质含量水平（克/千克） | | | |
|---|---|---|---|---|
| | < 10 | 10 ~ 20 | 20 ~ 30 | > 30 |
| 幼树 | 12.0 | 10.0 | 7.0 | 5.0 |
| 结果树 | 20.0 | 18.0 | 16.0 | 12.0 |

**表 6 – 6　基于土壤速效磷分级的柑橘施磷推荐量（$P_2O_5$）**

单位：千克/亩

| | 土壤速效磷含量水平（毫克/升） | | | | | |
|---|---|---|---|---|---|---|
| | 0 ~ 7 | 7 ~ 12 | 12 ~ 24 | 24 ~ 40 | 40 ~ 60 | > 60 |
| 幼树 | 11.0 | 9.0 | 7.0 | 4.0 | 0.0 | 0.0 |
| 结果树 | 14.0 | 12.0 | 10.0 | 7.0 | 4.0 | 0.0 |

**表 6 – 7　基于土壤速效钾分级的柑橘施钾推荐量（$P_2O_5$）**

单位：千克/亩

| | 土壤速效钾含量水平（毫克/升） | | | | | |
|---|---|---|---|---|---|---|
| | 0 ~ 40 | 40 ~ 60 | 60 ~ 80 | 80 ~ 100 | 100 ~ 140 | > 140 |
| 幼树 | 12.0 | 10.0 | 7.0 | 4.0 | 2.0 | 0.0 |
| 结果树 | 15.0 | 13.0 | 11.0 | 9.0 | 7.0 | 3.0 |

2. 柑橘的施肥技术

根据需肥特点，树龄、树势、土壤供肥状况等因素确定合理的施肥量。柑橘除果实挂树贮藏或晚熟品种可以在采果前施肥外，一般采前不宜施肥，尤其是氮肥，否则会严重影响果实贮藏品质。

（1）基肥　也称之为采果肥。柑橘挂果期很长，一般为6 ~ 8 个月，在结果期内，消耗养分很多，树势开始衰弱。为了恢复树势，促进花芽分比，充实结果母枝，提高抗寒能力，为来年结果打下基础，采果后必须及时施肥。施肥时期为 10 月下旬至 12 月中旬。此时气温下降，根条活动差，吸收力弱，应以有机肥为主，每株施优质有机肥 50 ~ 100 千克、尿素 0.3 ~ 0.5 千克、过磷酸钙 0.5 ~ 1 千克。

（2）追肥　追肥是调节营养生长与生殖生长平衡的重要手段，根据柑橘营养特点，一般从抽生梢至果实成熟分 3 次追肥。

促肥花又称花前肥。从春梢萌动至花前进行，主要是为保证开花质量和春梢生长质量。每株施有机肥 30 ~ 50 千克，2：1：1 型复合肥 1 ~ 1.5 千克。施肥时间为 2 月下旬至 3 月上旬。

稳果肥又称花后肥。在落花后坐果期进行，主要是提高坐果率和控制夏梢突发。此期（5—6 月）要避免大量施用氮肥，否则会刺激夏梢突发，引起大量落果。因此，除树势弱的橘园，一般不采用土壤施肥。为了保果，多采用叶面喷施 0.3% 尿素 + 0.2% 磷酸二氢钾 + 激素（10 毫克/千克 2,4-D 或 50 ~ 100 毫克/千克萘乙酸），10 ~ 15 天喷 1 次，连续 2 ~ 3 次能取得良好效果。

壮果肥在果实膨大期进行。此期正值果实不断膨大，秋梢抽生和花芽分化，是影响柑橘当年和来年产量的重要时期，必须保证有充足的营养供应。此期施肥应以化肥为主，为改善果实品质和提高贮藏性能，要重视增施钾肥，一般可选用氮、磷、钾养分比例为 2：1：2 型高浓度复合肥，每株 2 千克左右。

以上为柑橘的一般施肥原则，在生产实践中，必须因地制宜灵活掌握。密植柑橘，棵小，根浅，多采用勤施薄施，花多，果多、梢弱，可随时增施；结果少而新梢长势好的橘树，为防止营养生长过旺，可以少施；早施品种应提早施肥，晚熟品种可推迟施肥。

## 二、脐橙

脐橙是多年生高产果树，在广西、浙江、福建、江西、湖南、湖北、安徽、四川、重庆等地有栽培。

（一）脐橙的需肥特性

脐橙是多年生高产果树，每年从树上采摘大量果实时，取走了从土壤中吸收、转化、贮藏于果实中的各种营养元素，而土壤中这些营养元素含量都有一定限度，若不及时加以补充，势必造成贫乏。土壤中某些必需元素尤其是大量消耗的元素供给不足时，就会影响树势、产量和果实品质；严重缺乏时，会引起各类缺素症状的发生，甚至植株死亡。因此，根据树龄、树势、物候期、产量状况、品质要求及土壤现状等不同条件产生的树体营养实际需要而进行的经济有效的施肥，是最有效的补充各类营养元素的措施。

脐橙生长结果需要的营养元素有 16 种。按矿质元素的需要量，可分为大量元素（氮、磷、钾）、中量元素（钙、镁、硫）和微量元素（硼、锌、铁、铜、锰、钼）。这些营养元素在脐橙生理上各有其重要作用，且元素间不能互为代替。据研究，每生产 1 000 千克脐橙鲜果需氮（N）4.5 千克、磷（$P_2O_5$）2.3 千克，钾（$K_2O$）3.4 千克，氮、磷、钾的比例为 1 : 0.51 : 0.76。

（二）脐橙的配方施肥技术

综合土壤、树况、天气的不同情况及变化，采用腐熟有机肥与无机肥结合，以腐熟有机肥为主；氮、磷、钾三要素与其他营养元素结合，提倡叶片营养诊断、配方施肥；正确掌握施肥量、施肥时期和方法，提高肥料利用率，防止产生肥害。

1. 当年定植幼树施肥

当年定植幼树，以保成活、长树为主要目的，但根系又不发达。施肥方法上多采用勤施薄施，少量多次。从定植成活后半个月开始，至 8 月中旬止，每隔 10～15 天追施 1 次稀薄腐熟有机水肥加脐橙专用肥，秋冬季节结合扩穴改土适当重施 1 次基肥。

2. 结果前幼树施肥

结果期的幼树扩大树冠是主要目的，为投产做准备。施肥以有机肥为主，适当增施氮肥，辅以磷、钾肥。施肥时期，每次新梢抽生前7～10天施促梢，新梢剪后追施1～2次壮梢肥，秋冬季深施1次基肥。具体施肥量：促梢肥每株施腐熟有机肥（或生物有机肥）1～1.5千克和脐橙专用肥0.2～0.3千克，基肥每株深施腐熟饼肥2～5千克和脐橙专用肥1～2.5千克。

3. 初结果树施肥

初结果期脐橙树，既要继续扩大树冠，又要形成一定产量，因其结果母枝以早秋梢为主，故施肥要以壮果攻梢肥为重点，施肥量随树龄和结果量的增加而逐年增多。具体施肥量：春芽肥每株施脐橙专用肥0.2～0.4千克，壮果攻梢肥每株施腐熟饼肥（或生物有机肥）2～3千克和脐橙专用肥0.3～0.5千克，基肥每株深施腐熟饼肥2～5千克和脐橙专用肥1～2千克。

4. 成年果树施肥

成年脐橙园视施肥时间不同，全年施肥2～3次。一般采果后施基肥，2月中下旬至3月上旬施芽前肥（也有的将基肥和芽前肥一同施用），6月下旬至7月上旬施攻秋梢壮果肥。具体施肥量（以每株产60千克以上的树为例）：基肥每株施腐熟有机肥（或生物有机肥）4～5千克和脐橙专用肥0.5～1.5千克；基肥与春芽肥一同施用的，以腐熟有机肥（或生物有机肥）为主，配合氮、磷、钾肥，每株施腐熟有机饼肥或生物有机肥5～6千克和脐橙专用肥0.3～0.5千克。壮果肥以有机肥和无机肥深混施，每株施腐熟饼肥（或生物有机肥）4～5千克和脐橙专用肥0.3～0.5千克。

5. 施肥方法

采用条状、放射状沟或环状沟施，沟深50～60厘米，沟底施入粗有机物（植物秸秆等）20～35千克，上层施入腐熟有机饼肥（或生物有机肥）3～5千克、脐橙专用肥0.5～1.5千克。

无论脐橙幼龄树还是成年树，8月上旬以后，应当停止施入速效性氮肥，改用有机肥料代替，防止因氮肥过多抽生晚秋梢或影响果实着色。

（1）条状沟施　在树冠滴水线外缘，于相对两侧开条状施肥沟将肥料、土拌匀施入沟内，每次更换位置。

（2）环状沟施　沿树冠滴水线外缘相对两侧开环状施肥沟，将肥、土拌匀施入沟内，每次更换位置。

（3）放射状沟施　在树冠投影范围内距树干一定距离处开始，向外开挖4~6条内浅外深、呈放射状的施肥沟，将肥、土拌匀施入沟内，每次更换位置。

（4）穴状施肥　在树冠投影范围内挖若干施肥穴，将肥、土拌匀施入穴内，每次更换位置。

（5）水肥浇施　腐熟有机肥对水稀释后，浇施于树冠范围内。肥料可选用枯饼、人畜粪尿等，浇施前必须完全腐熟；水肥浇施必须严格掌握肥料使用浓度，防止浓度过高造成肥害。以腐熟饼肥为例，建议使用浓度1%左右，最高不超过1.5%；有机水肥中可适当添加尿素、复合肥等速效化肥。化肥浓度应控制在0.5%以下。采用水肥浇施的，为防止根系上浮，成年大树每次水肥浇施量不少于50千克，幼树浇透为止。为减少水肥流失、使水肥能够深入渗透，也可于树冠滴水线外缘两侧开挖深15~20厘米的条状或环状沟，水肥浇入沟内，待其完全下渗后，覆一层薄土以减少蒸发。如此多次后，最终将施肥沟完全填满。

6. 根外追肥

可在橙树春梢、秋梢转绿期尤其是在果实膨大期，喷施农海牌氨基酸叶面肥，每10天左右喷一次。常用根外追肥使用浓度：尿素0.2%~0.3%（尿素中缩二尿含量<0.25），硫酸锌0.2%，硫酸镁0.05%~0.2%，硼砂0.1%~0.2%，磷酸二氢钾0.2%~0.3%，钼酸铵0.05%~0.1%。采用根外追肥，一是要注意严格控制使用浓度和肥料种类；二是切忌高温时节进行，

以免灼伤叶、果表皮。

# 第六节　其他类

## 一、柿

柿树属柿树科柿属，为多年生木本植物。柿树在我国分布较广，但以黄河流域的山东、河北、河南、山西、陕西等较多，占总产量的 70% ~ 80%。柿的果实色泽艳丽，甘甜多汁，具有较高的营养价值。据分析，每 100 克鲜果中，含糖及淀粉 12 ~ 18 克、蛋白质 1.2 克、脂肪 0.2 克、维生素 C 30 毫克、维生素 $B_1$ 10 毫克、烟酸 0.2 毫克以及胡萝卜素、磷、铁、钙等。除供鲜食外，柿树还可以制成柿饼、柿干、柿汁、柿脯、柿酒、柿醋等，也可再加工成糕点和风味小吃等。另外，柿果还具有一定的药用价值。

### （一）柿树的需肥特性

柿树正常生长发育必需的营养元素有 16 种，但需要量较多的是氮、磷、钾。柿树生长、结果过程需钾量较多，尤其是果实膨大时需钾量更大。当钾元素供应不足时，果实发育受到限制，果实变小；但钾肥过多则果皮粗糙，肉质粗硬，外观不美，品质不佳；在果实膨大后期，应满足柿树钾肥的供应，同时注意在此期内少施磷肥，磷肥过多反而会抑制柿树生长。不同的树龄需肥量不同。柿树是深根性果树，直根发达，细根很少，对肥效反应迟钝，因此施肥时间应提前。柿树根的细胞渗透压低，施肥浓度要低，应少施多次。柿树根外皮含有大量单宁，受伤后愈合能力差，施肥时应尽量避免伤根。

柿树不同品种对土壤酸碱度有较强的适应能力，由碱性到酸性均能很好生长。分析柿树每年新形成的枝、叶、根、果所含的氮、磷、钾分别为氮（N）213.6 克、磷（$P_2O_5$）57.6 克、钾（$K_2O$）183.2 克，其氮、磷、钾的比例约为 1∶0.27∶0.86。每生产 1 000 千克果实，大约需要氮（N）8.3 千克，磷（$P_2O_5$）

2.5千克，钾（$K_2O$）6.7千克，氮、磷、钾的比例约为1：0.3：0.8。由此可见，柿树对氮的需求量较大。

**（二）柿树的配方施肥技术**

柿树根深，喜阳不耐阴，因此，栽培柿树应选择土层深厚的平坦地和缓坡的阳坡。如地下水位过高或土层瘠薄，根系分布浅，易引起树势早衰，病虫滋生。

1. 基肥

9月中下旬采果前为最佳施肥期，幼龄期柿树营养生长旺盛，生殖生长尚未开始，每株平均施柿树专用肥0.5～0.8千克或硫酸铵0.2～0.3千克、过磷酸钙0.3～0.4千克、有机肥5千克、硫酸钾0.3～0.4千克。

初结果柿树营养生长开始缓慢，生殖生长迅速增强，每株施有机肥20千克、柿树专用肥0.9～1.5千克或硫酸铵1～2千克、过磷酸钙1～1.3千克、硫酸钾0.2～0.5千克。

盛果期柿树，营养生长和生殖生长相对平衡，每株施有机肥50千克、柿树专用肥2～3千克或硫酸铵2～4千克、过磷酸钙2～3千克、硫酸钾0.8～1.6千克。随树龄增大，可适当加大磷、钾施用量。

2. 追肥

一般分2次追肥，即花前肥和促果肥。花前肥在5月上旬施入，盛果期柿树一般每株施柿树专用肥0.5～1千克、生物有机肥20～30千克或氮、磷、钾比例为1：0.5：0.5的40%氮、磷、钾复合肥0.5～1千克。促果肥在7月上旬施入，盛果期柿树一般每株施柿树专用肥1～1.5千克、生物有机肥20～30千克或氮、磷、钾比例为1：0.67：0.67的40%复合肥1～1.2千克、有机肥20～30千克。

3. 根外追肥

在果实膨大期内，喷施含尿素、磷酸二氢钾、硼、锌、铁等元素的氨基酸叶面肥，每7～12天喷施1次，对增强树势、提高产量和品质有明显效果。

**（三）柿树的配方施肥案例**

以福建省永定县柿树配方施肥为例，介绍如下。

1. 种植地概况

试验地土壤为泥质岩红壤，有机质 53.4 克/千克，碱解氮 47.9 毫克/千克，有效磷 28.3 毫克/千克，速效钾 32 毫克/千克，pH 值 4.8。

2. 品种与肥料

选择品种为永定红柿。供试肥料为复合肥（15 - 15 - 15），尿素（含 N 46%），过磷酸钙（含 $P_2O_5$ 12%），硫酸钾（含 $K_2O$ 50%）。

3. 施肥方案

4 种配方施肥换算成所用的化肥量氮：磷：钾为

（1）1：0.5：1.2。

（2）1：0.5：1.5。

（3）1：0.5：1.5［比（2）多施 50%］。

（4）1：0.5：1.5。推荐最高产量施肥量为 N 12.1 千克/亩、$P_2O_5$ 5.9 千克/亩、$K_2O$ 12.1 千克/亩，产量为 2 240 千克/公顷。推荐施肥效益最大施肥量为 N 12 千克/亩、$P_2O_5$ 6 千克/亩、$K_2O$ 10 千克/亩。

## 二、石榴

石榴属石榴科石榴属，为多年生木本植物。石榴在我国栽培历史悠久，全国各地都有栽培。石榴的果实外观艳美，籽粒汁多酸甜，营养丰富。除鲜食外，石榴还可加工成果汁、果酒等。石榴树对二氧化硫、铅、蒸汽吸附能力强，对周围空气有净化作用，有利于环境保护。

**（一）石榴的需肥特性**

石榴生长发育需要 16 种必需的营养元素，从土壤中吸收氮、磷、钾最多。对氮最为敏感，整个生育期由少至多逐渐增加，至果实采收后急剧下降，以新梢快速生长期和果实膨大期吸收最多；磷在开花后至果实采收期吸收比较多，吸收期比氮、钾都短；钾在开花后迅速增加，以果实膨大期至采收期吸收最多，采收后同其他元素一样急剧下降。石榴树还需一定量的钙、镁、钠，施肥时应补加相关肥料。

**（二）石榴的配方施肥技术**

1. 石榴的施肥量

石榴树施肥禁止使用未腐熟的人粪尿和垃圾肥，施肥量按目标产量、树龄和土壤肥力等因素而定。密植石榴园可按每生产 1 000 千克石榴果实，施腐熟的优质有机肥 2 000 千克和氮（N）20～25 千克计算，再配入适量的磷、钾肥。稀植石榴园可按株施肥，分为基施、追施和根外追施 3 种方式施肥。

2. 石榴的施肥技术

（1）基肥　石榴树宜在秋季采果后立即施肥为好。一般幼树每棵施腐熟的优质有机肥（也可施生物有机肥）10 千克和石榴树专用肥 0.2～0.5 千克，初结果树每棵施腐熟优质有机肥或生物有机肥 20～25 千克、石榴树专用肥 0.3～0.8 千克。成龄大树每棵施腐熟优质有机肥或生物有机肥 50～80 千克、石榴树专用肥 2～2.5 千克或尿素 0.3～0.6 千克、过磷酸钙 2～4 千克，可采用放射状、环状沟、条状沟或全园撒施等方法。

（2）追肥　石榴树开花前，每棵成龄结果石榴树施石榴树专用肥 0.5～0.6 千克或尿素 0.4～0.6 千克。石榴树开花后，每棵成龄结果树施石植专用肥 1.5～2.5 千克或尿素 0.5 千克、过磷酸钙 1～2 千克、硫酸钾 0.5～1 千克。在果实膨大初期，每棵成龄结果树施石榴树专用肥 2～3.5 千克或 40% 氮、磷、钾复合肥 1.5～2 千克、尿素 0.5 千克、磷酸二铵 1～1.5 千克、硫酸钾 0.6～1 千克。

（3）根外追肥　应根据树体营养状况进行，在整个生长生育期可喷施叶面肥，并在叶面肥稀释液中加入 0.3% ～0.5% 的尿素。在果实膨大期喷施时再加入 0.2% ～0.4% 的磷酸二氢钾，每 7～12 天喷施 1 次。气温干燥时，在 10 时前和 16 时后喷施较好。根外追肥作用迅速，见效快，省肥效果好，对增强树势和提高品质、提高产量都有较好效果。

## 三、茶树

### （一）茶树的营养特性

1. 茶树需肥量

茶树是以采收幼嫩芽叶为对象的多年生经济作物，每年要多次从茶树上采摘新生的绿色营养嫩梢，这对茶树营养耗损极大。与此同时，茶树本身还需要不断地生长根、茎、叶等营养器官，以维持树体的繁茂和继续扩大再生长，以及开花结实繁衍后代等，都要消耗大量养料。因此，必须适时地给予合理的补充，以满足茶树健壮生长，使之优质、稳产、高产。

茶树生长所必需的矿质元素有氮、磷、钾、钙、铁、镁、硫等大量元素和锰、锌、铜、硼、钼、铝、氟等微量元素。在这些元素中氮、磷、钾消耗最大，常常需要作为肥料而加以补给，故称为肥料三要素。茶树消耗氮素最多，磷、钾次之。

2. 茶树对养分需求的特点

（1）氮　氮是合成蛋白质和叶绿素的重要组成成分，施用氮肥可以促进茶树根系生长，使枝叶繁茂，同时促进茶树对其他养分的吸收，提高茶树光合效率等。氮素供应充足时，茶树发芽多，新梢生长快，节间长，叶片多，叶面积大，持嫩期延长，并能抑制生殖生长，从而提高鲜叶的产量和质量。施氮肥对改善绿茶品质有良好作用；过量施氮肥，对红茶品质则有不利影响；若与磷钾肥适当配合，无论对绿茶还是红茶都可提高品质。氮肥不足则树势减弱，叶片发黄，芽叶瘦小，对夹叶比例增大，叶质粗老，成叶寿命缩短，开花结果多，既影响茶叶产量又降低茶叶品质。正常茶树鲜叶含氮量为 4% ~ 5%、老叶为 3% ~ 4%，若嫩叶含氮量降到 4% 以下，成熟老叶下降到 3% 以下，则标志着氮肥严重不足。

（2）磷　磷肥主要能促进茶树根系发育，增强茶树对养分的吸收，促进淀粉合成和提高叶绿素的生理功能。从而提高茶叶中茶多酚、儿茶素、蛋白质和水浸出物的含量，较全面地提高茶叶品质。茶树缺磷往往在短时间内不易发现，有时要几年后才表现出来。其症状是新生芽叶黄瘦，节间不易伸长；老叶暗绿无光泽，进而枯黄脱落；根系呈黑褐色。

（3）钾　钾对碳水化合物的形成、转化和储藏有积极作用，它还能补充日照不足，在弱光下促进光合同化，促进根系发育，调节水代谢，增强对冻害和病虫害的抵抗力。缺钾时，茶树下部叶片早期变老、提前脱落，茶树分枝稀疏、纤弱，树冠不开展，嫩叶焦边并伴有不规则的缺绿，使茶树抵抗病虫害和其他自然灾害的能力降低。

肥料是茶树生长的食粮，是茶叶增产和提高品质的物质基础。因此，施肥对茶树的生长以及茶叶的产量与质量起着重要作用。良好的施肥技术，能最大限度地发挥施肥的增产作用，保持和提高茶叶的优良品质，维持茶树的旺盛生长态势，同时利于恢复和提高土壤肥力。但如果施肥不当，不仅不能增加茶叶产量，还会造成茶叶品质严重下降，甚至会给茶树生长造成不利的影响。因此，茶园施肥要求因地制宜，采用适当的肥料种类及施肥方法，才能充分发挥肥效，达到施肥的目的。为了获得优质高产的鲜叶原料，养分供应是最重要因素之一。

茶树在整个生长发育过程中，不同的生育阶段对营养物质的需求是不同的。幼龄茶树以培养健壮的枝条骨架、分布深广的根系为目的，必须增加磷、钾元素的比例，以施用幼龄肥为主；处于长势旺盛的壮年时期，为促进营养生长，提高鲜叶的产量，适当增加氮素是必要的。但茶叶是嗜好品，对品质要求很高。不同茶类，其品质特征差异较大。如红茶的品质特征是红汤红叶、滋味浓强，要求含有较高的多酚类含量；绿茶的品质特征是清汤绿叶，滋味鲜爽，要求含有较高的含氮化合物，如氨基酸、蛋白质；乌龙茶类（如单丛、水仙、铁观音、奇兰、黄金桂等）的品质特征是香气浓郁、滋味醇和，要求有较高的芳香物质和氨基酸。这些品质特征的形成与茶树施肥有密切关系，所以，只有施用适合不同茶类的专用肥，才能保证和提高茶叶品质。

**（二）茶树的施肥技术**

1. 优化施肥原则

重视有机肥，有机肥与无机肥配合施；重视基肥，基肥与追肥配合施；重视春肥，春肥与夏、秋肥配合施；重视氮肥，氮肥与磷、钾肥及微量元素肥配合施；重视根部肥，根部施肥与根外追肥配合施。

2. 施肥数量

（1）低施肥量　每采收 100 千克干茶，吸收土壤纯氮约 4.5 千克。一般从茶园采收 100 千克干茶应补偿 10 千克纯氮，才能维持土壤原有肥力水平。如预计每亩产 150 千克干茶，应施 15 千克纯氮，其中，5 千克做基肥，10 千克做追肥。

（2）中施肥量　每采收 100 千克干茶，补施 12.5 千克纯氮，1/3 做基肥，2/3 做追肥。

（3）高施肥量　每采收 100 千克干茶，补施 15 千克纯氮，1/3 做基肥，2/3 做追肥。有机肥，如菜饼、厩肥、堆肥、绿肥等，应每年或隔年基施，也可作为隔行施，并结合施磷、钾肥，于秋茶后施入。用量一般为采摘茶园每亩施饼肥 150 千克或土杂肥 1 500 千克。

3. 施肥次数与配比

在茶园施肥中，追肥次数可适当多些，使土壤中有效氮含量的季节分布比较均衡，在茶树生长的各个高峰能吸收到较多的养分，以利于增加茶叶全年产量。每年施 2 次的为：春茶前施 60%，夏茶前施 40%。每年施 3 次的为：春茶、夏茶、秋茶前，分别施

40%、30%和30%，或50%、25%和25%。每年施4次的为：春茶前施40%，夏茶前20%，三茶前施20%，四茶前施20%。氮、磷、钾的配比在（2~4）：1：1的变幅内灵活选用。

4. 有机基肥施用方法

（1）深度　深挖20~25厘米肥料沟施。质地黏重的黄泥土，可适当深施以利改土培肥，使根系深扎；沙质土宜适当浅施，以减少淋溶损失。

（2）时间　宜早不宜迟。以浙江省杭州茶区为例，一般在寒露，即10月8日前后即可施基肥，最晚不过立冬，即11月8日左右。如与秋收、冬种劳动有矛盾，可提早至9月下旬进行。

5. 化肥使用方法

（1）深度　常用的碳酸氢铵易挥发，沟施深度应达到10厘米，并随施随覆土。尿素可适当浅施。

（2）时间　碳酸氢铵做春肥，适用期为茶芽鳞片至鱼叶开展时，即早芽品种2月下旬至3月上旬，中芽品种3月中旬，迟芽品种3月下旬至4月上旬。尿素比碳酸氢铵提前5~7天施。夏、秋季追肥，应选择在茶叶采摘高峰后施入。杭州茶区夏季追肥一般在5月下旬，秋茶在7—8月，但不宜伏旱期施肥，应施在伏旱前后。

## 四、银杏

银杏，也称白果；银杏树，也称白果树、公孙树，为落叶乔木。寿命长，可达数百年，甚至千余年。银杏树在我国各地均有栽培，日本也有栽培。

### （一）银杏的需肥特性

银杏是喜肥而又耐肥的树种，科学施肥是银杏管理中的一个重要环节。银杏生长发育、开花结果的各个阶段，需要从土壤中吸收氮、磷、钾等16种大、中、微量元素，其中对氮、磷、钾需求较多，主要来源是利用树体内上一年贮藏的养分，从土壤中吸收量较少。

新梢旺长期在 4 月 20 日至 6 月底，是吸收营养元素最多的时期，以氮最多，其次是钾，磷最少。果实采收至落叶期在 9 月中旬至 11 月中旬，树体仍然吸收一部分营养元素，但其吸收量明显减少。总之，银杏对营养元素的吸收从萌芽前开始，对氮的吸收高峰在 6—8 月，对钾的吸收高峰在 7—8 月，对磷的吸收在各生产期比较均匀。

**（二）银杏的配方施肥技术**

1. 银杏的施肥量

一般情况下，根据产量预测，每产 1 千克种实，冬、春两季各施入 1 千克有机肥，夏、秋季各施入种子产量 5% 的化肥。

目前，确定施肥量较好的方法是叶分析法，即根据叶片内各种元素的含量，判断树体的营养水平。再根据叶分析的结果，作为施肥种类及数量的参数，有针对性地调整营养元素的比例和用量，以满足银杏树体正常生长和结果的需要。生长健壮、结果正常的银杏树，9 月上旬叶片养分含量见表 6－8，叶分析是一种较新的营养诊断技术，当前生产中应用不多。目前，生产中银杏施肥量的确定，大都是根据实践经验。

表 6－8　银杏正常叶片的养分含量

| 叶片部位 | 养分含量（%） | | | |
|---|---|---|---|---|
| | 还原糖 | 全氮 | 粗蛋白 | 全磷 |
| 长枝上的叶片 | 13.8 | 1.81 | 11.5 | 0.016 |
| 短枝上叶片 | 11.2 | 1.27 | 7.94 | 0.078 |

2. 银杏的配方施肥技术

银杏树一生中的需肥情况，是随树龄、产量、树势、物候期、土壤肥力和肥料种类等条件的变化而变化的，因此，其施肥量受多种因素的控制。各地总结了"三看"施肥的经验：一是看天施肥，即根据天气情况决定施肥时间、肥料种类和施肥数量；二是看地施肥，即根据土壤类型、土壤贫瘠程度和含水量决定施肥的种类和数量；三是看枝施肥，即根据树龄大小、生长强弱和发育时期决定施肥数量、肥料种类和施肥方法。其基本原则是幼树少施，大树多施；贫瘠地多施，肥沃地少施。

（1）基肥　银杏树施基肥一般在果实采收前或采收后施用，一般产银杏 75～80 千克的结果树，施腐熟的有机肥或生物有机肥 80～150 千克，银杏专用肥 2～3 千克，初结果树和幼龄树可适当减少施肥量。施肥方法一般采用集中穴施，即在树冠滴水线内或树盘内挖 60 厘米，直径约 50 厘米的施肥穴，一般幼树每棵挖 1～2 个穴，初结果树每棵 2～4 个穴，盛果期的大树每棵 4～6 个穴，施肥穴要每年轮换位置，将有机肥料与表土混合均匀后填入穴内，然后浇水。也可采用环状沟、条状沟、放射状沟施肥。条状沟施是在树冠外围两侧（东西或南北方向）各挖一条施肥沟，沟的深度和宽度各为 40 厘米，沟的长度依树冠大小而定，条状沟的方向可隔年轮换。环状沟放射施是在树冠投影外侧，挖探 20 厘米、宽 40 厘米的环状沟，施肥后覆土，这种施肥方法适用于幼树。

（2）追肥　采叶园一般一年追肥 3 次。第一次在发芽前 10 天左右，为长叶肥，每亩施银杏专用肥 40～50 千克或尿素 50 千克；第二次在 5 月中旬新梢生长高峰前，施肥量与第一次相同；第三次在 8 月上旬，每亩施银杏专用肥 50 千克或氮、磷、钾含量 45% 的复合肥 50 千克。施肥方法是在树的行间 5 厘米深的条沟，将肥施入沟内，然后覆土、浇水。

结果前幼树一般一年追 2 次肥。第一次在 5 月中旬，每亩施银杏专用肥 20～50 千克或尿素 20～50 千克；第二次在 8 月下旬至 9 月上旬，施肥量与第一次相同。

结果银杏树一般每年追肥 4 次。第一次在发芽前 10 天左右，为长叶肥，每亩施银杏专用肥 30～50 千克或尿素 30～50 千克、每棵施专用肥 1～2.5 千克、腐熟的人粪尿 100 千克左右；第二次在 5 月上中旬，新梢生长高峰前 7 天左右，每亩施银杏专用肥 80~100 千克或尿素 30~50 千克、过磷酸钙 40~50 千克、氯化钾 15~25 千克、每棵施专用肥 2.5~5 千克；第三次在 7 月下旬至 8 月上旬，每亩施银杏专用肥 30~40 千克或 45% 氮、磷、钾复合肥 30~45 千克、每棵施专用肥 1~3 千克；第四次在 9 月上旬，每亩施银杏专用肥 35~45 千克或 45% 氮、磷、钾复合肥 35~45 千克、每棵用专用肥 1~3 千克。

幼树的施肥方法是将肥料撒于树盘，然后进行浅中耕、浇水；结果树追肥是从树冠外沿内至树冠 1/2 的范围内，开多条放射沟，沟深 10~15 厘米，施肥后覆土整平，然后浇水。

（3）根外追肥　在展叶后至落叶前 20 天左右，均可喷施氨基酸叶面肥，并在氨基酸叶面肥的稀释液中加入 0.3% 磷酸二氢钾，每 10~15 天喷施 1 次，对增强树势、防止早衰、提高产量和品质都有较好的作用。

# 主要参考文献

宋志伟，等．2016．果树测土配方与营养套餐施肥技术
［M］．北京：中国农业出版社．

孙运甲，张立联．2014．测土配方施肥指导手册［M］．济
南：山东大学出版社．